新型抽水蓄能与西部调水

刘泽洪　著

图书在版编目（CIP）数据

新型抽水蓄能与西部调水 / 刘泽洪著. —北京：中国电力出版社，2023.2
ISBN 978-7-5198-7438-4

Ⅰ. ①新… Ⅱ. ①刘… Ⅲ. ①抽水蓄能水电站–水利水电工程–研究–中国②水资源管理–资源配置–优化配置–研究–中国 Ⅳ. ①TV743②TV213.4

中国国家版本馆 CIP 数据核字（2023）第 029416 号

审图号：GS 京（2023）0275 号

出版发行：中国电力出版社
地　　址：北京市东城区北京站西街 19 号（邮政编码 100005）
网　　址：http://www.cepp.sgcc.com.cn
责任编辑：孙世通
责任校对：黄　蓓　常燕昆
装帧设计：张俊霞
责任印制：钱兴根

印　　刷：北京瑞禾彩色印刷有限公司
版　　次：2023 年 2 月第一版
印　　次：2023 年 2 月北京第一次印刷
开　　本：787 毫米×1092 毫米　16 开本
印　　张：12.5
字　　数：202 千字
定　　价：96.00 元

前　言

当前，水资源安全、能源安全、粮食安全等问题制约我国可持续发展，化解风险挑战，破局重点在于统筹协调解决好西部的水资源优化配置和新能源规模化开发问题。

西部调水是功在当代、利在千秋的大事业，必须以国家的顶层发展战略和发展空间布局为基本考量。本书在常规抽水蓄能发展的基础上，提出了基于新型抽水蓄能的调水新思路，即以风、光新能源为动力，以调蓄水库为枢纽，以引水渠为联络，构建电–水协同的“输–储”网络，统筹解决西部水资源优化配置和新能源开发利用问题，满足可持续发展战略需求。

本书以翔实的水文数据、高分辨率的卫星影像、数字高程模型为基础，考虑保护区分布、地质岩层情况，拟定取水点、入水点、新型抽水蓄能站址、调水路径等，形成了可分期推进的西部调水工程新方案，并开展了初步的环境影响分析和综合效益测算。工程从“五江一河”取水，包含 7 个跨流域的 35 个调水通道，全长 1.1 万 km，年调水量 400 亿 m^3，跨越西藏、云南、四川、青海、甘肃、新疆 6 省区，实现了中国西部地区南北水量均衡调配的历史性突破，将成为优化配置水资源的中国水网的重要组成部分。基于新型抽水蓄能的跨流域调水是集供水、蓄能、发电、灌溉为一体的综合性工程，能够促进能源低碳转型，改善西北水资源条件，促进区域协同发展，具有显著的社会经济环境效益。

本书的撰写过程得到了全球能源互联网发展合作组织梁旭明、周原冰、肖晋宇、侯金鸣、杨方等同志的大力支持，中能建数字科技集团有限公司的万明忠、阎平、徐高、胡丹娟等同志在数据信息和软件方面提供了无私帮助，特此表示衷心感谢。

希望本书能为政府部门、开发企业、研究机构相关人员开展政策制定、战略研究、项目开发提供参考。受数据资料和编写时间所限，内容难免存在不足，欢迎读者批评指正。

目 录

1

基于新型抽水蓄能的调水新思路

我国西北地区土地辽阔、风光资源丰富，但水资源极其短缺，新能源消纳受限，是我国经济社会发展最不平衡、不充分的区域。为破解制约西部发展的水资源问题，多年来社会各界提出了 10 余项自西南到西北的调水方案。本章在常规抽水蓄能发展的基础上，提出了基于新型抽水蓄能的调水新思路。新型抽水蓄能以随机波动的风光新能源为动力来源，克服海拔高差实现水资源跨流域调配，统筹解决水资源优化配置和新能源电力开发消纳的问题，实现电-水协同发展。

1.1 背 景 与 意 义

我国正处于开启全面建设社会主义现代化国家新征程、向第二个百年奋斗目标进军的历史阶段，实现碳中和、实现可持续发展和高质量发展是新发展阶段的内在要求。我国当前水资源短缺依然严峻，能源结构调整任务艰巨，粮食产需不均矛盾突出，可持续发展面临水资源安全、能源安全、粮食安全等问题与挑战。

1.1.1 水资源安全

供需矛盾突出，水资源短缺形势严峻。水资源是关乎国家生存发展的基础性和战略性资源。我国水资源总量丰富，但是人均占有量低。2020 年，我国水资源总量为 3.2 万亿 m^3，约占全球水资源的 6%。我国人均水资源量约为 2200m^3/人，仅为世界平均水平的 1/4，被列为全球 13 个人均水资源最贫乏的国家之一。我国农业发展长期受到干旱缺水威胁，正常年份农业缺水高达 300 亿 m^3，因缺水造成的粮食减产损失约 500 亿元。正常年份工业缺水在 60 亿 m^3 左右，影响工业产值约 2000 亿元。全国 600 多个城市中，约 400 个面临不同程度的缺水。2020 年，我国有 14 个地区处于用水紧张线以下，8 个地区处于严重缺水线以下[1]。西北地区长期干旱，农业灌溉耗水量大，水资源短缺严重，城市供水不足，威胁粮食生产和社会经济发展。我国人均水资源量及增幅如图 1.1 所示。

时空分配不均，水资源配置亟待优化。我国水资源空间分布差异显著，水资源空间分配与人口、耕地和经济活动分配不相适应。淮河流域以北地区水资源量仅占全国水资源总量的 19%，但人口约占全国总人口 40%，耕地面积约占全国耕地面积的 60%。2020 年北方地区经济总量占全国的比重为 35.1%。2021 年，我国北方地区人均生活用水量普

[1] 国际公认的用水紧张线是人均水资源拥有量低于 1700m^3，严重缺水线是人均水资源拥有量低于 500m^3。北京、天津、河北、陕西、上海、山东、河南、宁夏 8 个省、市、自治区处于严重缺水线以下。除上述 8 个地区外，辽宁、江苏、浙江、广东、陕西、甘肃 6 省处于用水紧张线以下。

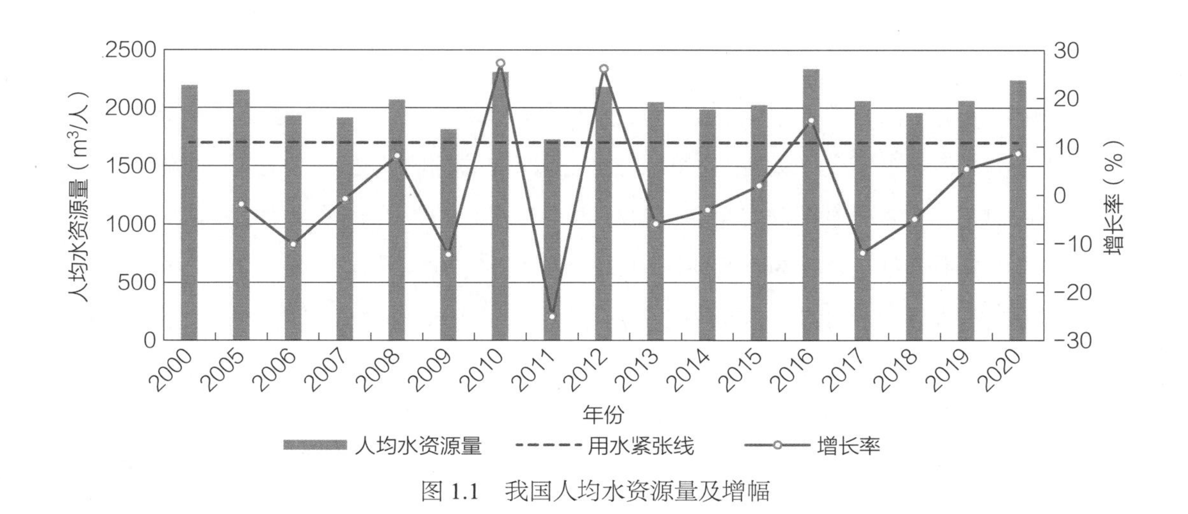

图 1.1 我国人均水资源量及增幅

遍低于全国平均水平（176L/d）。这一分配不均的严峻态势加剧了水资源利用难度。我国水资源季节分配不均，连续丰水期和枯水期较为常见。夏季降水量占全年降水量的 47%，北方地区夏季降水占比高达 62%。加之气候变化破坏地球生态系统平衡，加剧水资源时空分配不均，提高了极端旱涝灾害发生的频率和程度。2021 年全年洪涝灾害共造成 5901 万人次受灾，直接经济损失 2458.9 亿元，华北、西北地区旱涝灾害历史罕见。西部水资源分配存在显著差异，由于水利工程滞后导致的工程性缺水尤为严重。中西部地区水资源丰枯调节能力有待改善。

1.1.2 能源安全

能源资源对外依存度高，需提高自主供应能力。供给安全方面，2021 年我国能源生产与消费之间缺口达 6.7 亿 t 油当量，其中石油和天然气缺口为 6.6 亿 t 油当量左右。能源总体对外依存度 18.4%，石油和天然气对外依存度分别达到 72.2%和 44.0%。由于能源供给增长速度低于消费增长速度，能源缺口会进一步扩大，石油对外依存度不断提高、天然气进口量迅速增长，能源安全性进一步减弱。价格安全方面，2021 年以来我国煤炭市场价格高位震荡，总体价格呈现高位运行态势，年内北方港口 5500kcal（1kcal=4.186kJ）动力煤现货价格峰谷差达到 1900 元/t 左右。“双控”（能源消费总量控制和强度控制）、“双碳”（碳达峰、碳中和）等多种因素造成煤炭产量减少、成本上升，叠加国际市场因素后出现价格快速上涨，煤炭、石油、天然气价格高位波动对能源安全造成影响。通道安全方面，海上通道是目前石油进口的主要通道，但我国在油轮和运输航线控制方面缺少主导权，90%的运输仍然由国外的油轮船队承担，主要运输航线又经过马六甲海峡。管道通道相对安全，但其中也存在不可忽视的政治风险。

能源结构不合理，能源资源空间错配。能源结构方面，我国能源系统“一煤独大”，2020 年煤炭占能源消费 57%（见图 1.2），产生的二氧化碳占 80%，能源生产、运输、消费等各个环节都面临着摆脱化石能源依赖的重要任务，控煤、减煤面临多种复杂因素制约，且我国从碳达峰到碳中和只有发达国家一半时间左右，能源转型时间短任务重，能源绿色转型的力度和速度空前，未来能源供应成本持续上升，实现清洁能源大开发的任务十分艰巨。我国新能源资源空间上存在错配，风、光等新能源资源丰富但分布不均衡，能源资源“西富东贫”，消费“东多西少”，能源生产与消费中心逆向分布。西部新能源资源极为丰富，但本地消纳能力十分有限，没有形成电源规模扩大和产业负荷增长的良性循环。

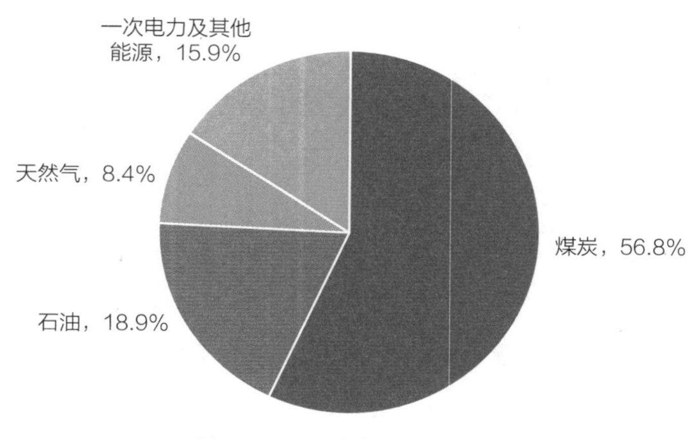

图 1.2　2020 年能源消费结构

新能源加快发展，电力保供挑战加大。未来以新能源占比逐渐提升的新型电力系统呈现“双高”“双峰”特征（见图 1.3），一次能源主体由可存储和可运输的化石能源转向不可存储或运输、与气象环境相关的风能和太阳能资源，一次能源供应面临高度不确定性。新能源成为主力电源后，依靠占比不断下降的常规电源以及有限的负荷侧调节能力难以满足日内消纳需求，且季节性消纳矛盾将更加突出。随着新能源发电的快速发展，可控电源占比下降，新能源“大装机、小电量”特性凸显，风能、太阳能小发时保障电力供应的难度加大。

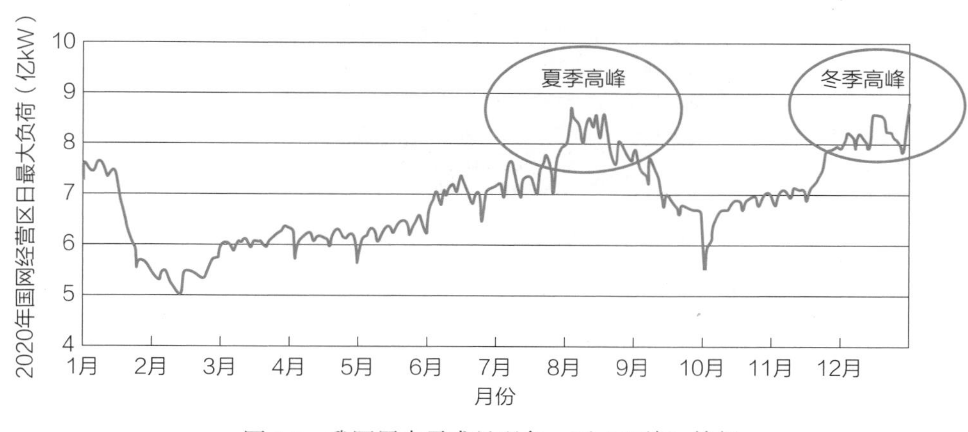

图 1.3 我国用电需求呈现冬、夏“双峰”特征

1.1.3 粮食安全

粮食产需平衡关系紧张，亟须提升供给能力。2021 年我国进口粮食 1.6 亿 t，占粮食总产量 6.8 亿 t 的 24%，对外依存度为 19%。我国粮食产需处于紧平衡态势，存在国际形势复杂、国内粮食需求持续增长、种粮效益比较低、自然灾害频发、结构性矛盾突出等风险隐患，预计“十四五”末的粮食缺口约 1.3 亿 t[1]。全国地级市的供需结构以低水平的余粮和缺粮为主，仅有 52%能依赖本地区的粮食生产保障基本的粮食消费，且其中有相当大比例为低度保障。粮食生产将继续向核心产区集中，跨区域粮食流通量将进一步增加，粮食市场大幅波动的风险依然存在。我国地级市粮食供需类型比例如图 1.4 所示。

耕地不足制约粮食产量，土地开发利用率低。耕地种植面积是决定农作物总量的关键因素，我国用全球不足 9%的耕地养活了占全世界 1/5 的人口。第三次全国国土调查结果显示，截至 2019 年年底，我国耕地面积为 20.24 亿亩（1 亩＝666.6m^2），但人均耕地

[1] 据 2020 年社科院报告显示，主要指包括大豆在内的粮食产需缺口。

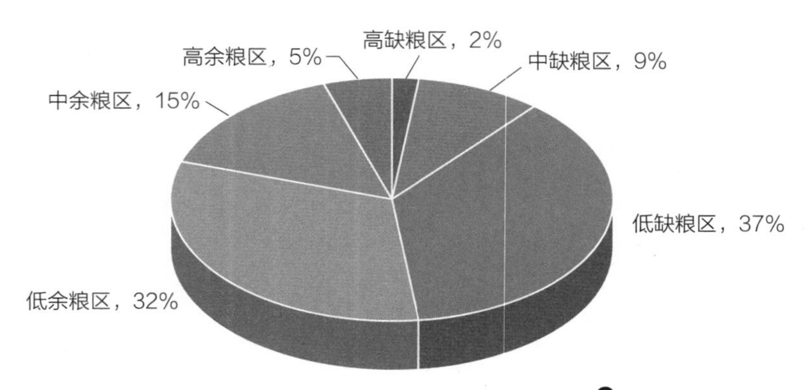

图 1.4 我国地级市粮食供需类型比例❶

面积不足 1.5 亩，仅为世界人均耕地面积的 40%，且受陡坡、瘠薄以及盐碱等多种因素影响，部分耕地质量不高。我国耕地主要分布在东部季风区的平原和盆地地区，西部耕地面积小，分布零星。2000 年以来，经济发展对城市建设用地需求大，尤其是东部地区，城镇建设用地保持高速增长的态势。增加西部耕地面积，能够有效调整土地资源在全国范围优化配置，形成对东部耕地的置换，缓解东部用地紧张等问题。全球主要国家人均耕地面积情况如图 1.5 所示。

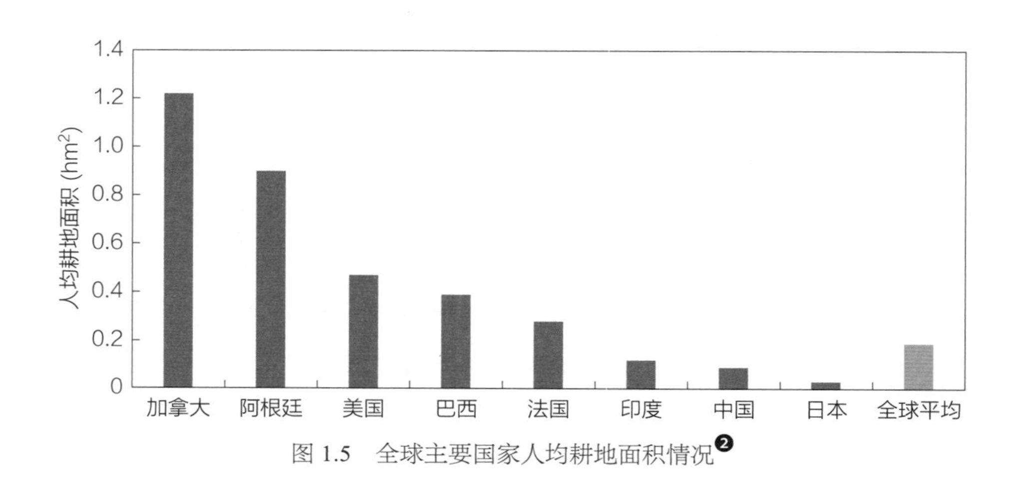

图 1.5 全球主要国家人均耕地面积情况❷

❶ 胡甜，鞠正山，周伟. 中国粮食供需的区域格局研究 [J]. 地理学报，2016，71 (8)：1372-1383。假设不考虑粮食贸易流通的情况下。

❷ 数据来源：世界银行数据库，更新至 2015 年。

1.1.4 破局之道

我国的可持续发展面临水资源安全、能源安全、粮食安全等问题与挑战，推进可持续发展需要考虑水、能源、粮食三种资源呈现国土空间分布不均衡、不匹配的问题。化解风险挑战，破局的重点在西部。

化解水资源安全风险重点是要解决西北缺水问题。西北地区气候干旱，降水稀少，蒸发旺盛，特殊的地理位置及气候条件决定了西北地区水资源短缺。西北地区的内陆河有相当一部分分布在地势高寒、自然条件较差的人烟稀少地区及无人区，而自然条件较好、人口稠密、经济发达的绿洲地区水资源量有限。且内陆河水资源主要以冰雪融水补给为主，径流年内分布高度集中，部分河流汛期陡涨，枯期断流，开发利用难度大。西北地区已成为我国水资源供需矛盾最为突出的地区。

化解能源安全风险关键是促进西部新能源规模化开发。我国的能源结构过度依赖化石能源尤其是进口油气资源，解决之道在于能源生产侧大力发展可再生能源，消费侧加快电能替代。西部地区风、光资源丰富，理论蕴藏量占全国80%以上，但风、光发电具有随机性和波动性，规模化开发受到电力系统调节能力制约。

化解粮食安全风险需要提升西部国土利用水平。西部地区国土面积占全国 60%以上，但仅提供了全国约10%的耕地，且多为中低产田，质量较差。由于气候干旱、植被不良、不合理灌溉等原因，部分地区土壤盐渍化严重。提高西部耕地数量和质量是提升国家粮食安全水平的关键措施。

新发展理念下“水–能–粮”协同优化配置是必然要求。水、能源、粮食是人类社会发展的基础战略资源，在单一资源供给能力有限，甚至已达到极限的情况下，三种资源开发利用之间的矛盾尤为凸显。水、能源、粮食三者之间既作为经济贸易产品存在投入产出关系，又作为自然生态要素存在共生关系。建立以提高水资源利用效率为纽带的能源安全和粮食安全框架，从系统视角开展“水–能–粮”协同治理，可为解决多种资源之间的供需矛盾问题提供新思路和新方法，是推动高质量发展的重要手段。

推动新能源与水资源协同发展，是我国实现可持续发展、解决资源配置问题的重要手段。化解安全风险最重要的是解决西部的水资源分布不均和新能源开发受限问题。西南地区水资源丰富，西北地区水资源匮乏，绝大部分地区降水量低于200mm，需要通过跨流域调水实现水资源的优化配置，当前的水资源配置能力严重不足。西部地区的风光新能源技术开发潜力在千亿千瓦以上，但由于系统调节资源不够，消纳能力不足，基地化开发利用西部风光发电资源存在困难。能否在西部统筹解决上述两个难题，是实现我国可持续高质量发展的关键。

1.2 现有西部调水设想

我国西南地区水资源丰富，而西北地区水资源匮乏，绝大部分地区降水量低于200mm。新中国成立以来，为解决西部水资源分布不均问题，社会各界对从西南到西北的跨流域调水开展了广泛研究。通过多方调研，被广泛传播、讨论的西部调水设想有十余个，其主要情况如下。

1.2.1 林一山西部调水构想

1995年，原长江水利委员会主任林一山在《瞭望》杂志上发表了《西部调水构想》，1998年7月提出《中国西部调水工程初步研究》，2001年出版了《中国西部南水北调工程》一书。设想总调水量约800亿m^3，其中自流526亿m^3，提水274亿m^3。[1]林一山西部调水构想如图1.6所示。

1.2.2 郭开“大西线”调水设想

朔天运河调水设想也称朔天运河大西线南水北调，从雅鲁藏布江调水入黄河，初始方案年调水量2006亿m^3（简称郭开设想。郭开，原名郭清亚，男，汉族，1933年生，系国家原四机部离休干部），2004年郭开调整调水设想后工程分三期进行，如图1.7所示。调水河流涉及雅鲁藏布江、怒江、澜沧江、金沙江、雅砻江、大渡河联合调水，入黄河贾曲。起点引水高程3588m，入黄高程3366m。[2]

---

[1] 林一山. 根治西部缺水的构想［J］. 瞭望新闻周刊，1995（09）。

[2] 李伶. 西藏之水救中国. 北京：中国长安出版社，2005。

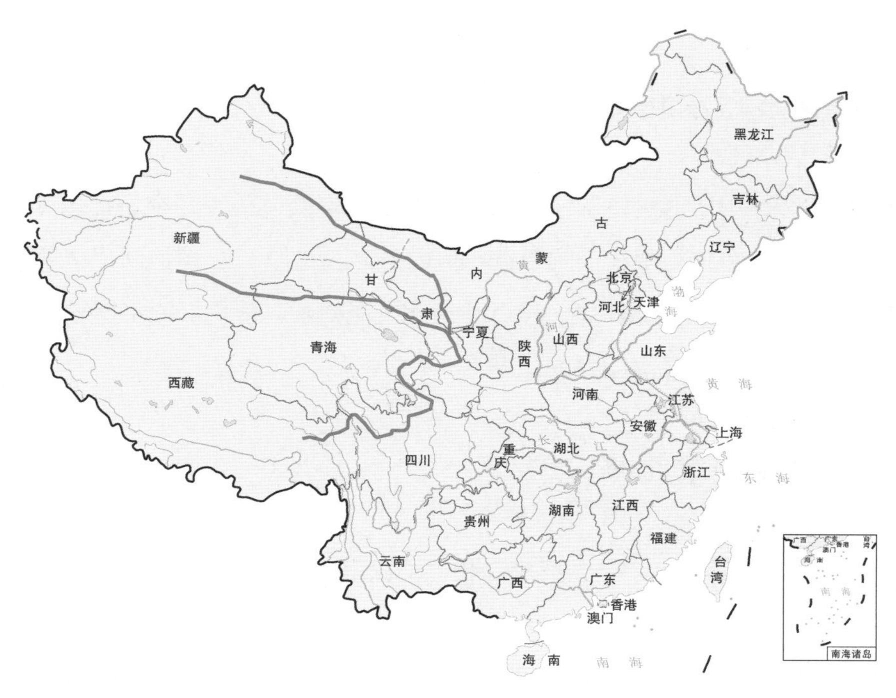

图 1.6 林一山西部调水构想

图 1.7 郭开“大西线”调水设想

1.2.3 陈传友藏水北调工程设想

藏水北调设想由中科院地理研究所、国家计委综考会陈传友研究员提出（简称陈传友设想），其要点是在雅鲁藏布江雅鲁藏布大峡谷裁弯取直，在黄河阿尼玛卿山大弯道裁弯取直，建立两座超大型水电站，然后利用此电能抽水。总调水量 435 亿 m^3。调水起点高程 3670m，入黄河的高程 4260m。❶

1.2.4 李国安藏水北调设想

被誉为中国人民解放军“十大英模”和“草原水神”李国安将军，提出的藏水北调工程是在水量丰沛、水质优良的西藏雅鲁藏布江的上中游及支流拉萨河修建多座水利枢纽，既发电灌溉造福西藏，又蓄留汛期洪水使其有序下泄。把雅江中部曲泽河床改造为巨大型河床多级低坝调蓄水库并成为调水水源地，由此向北构筑深覆盖长隧洞，引水穿越嘎拉山，沿青藏铁路、公路走向，利用落差引水自流至青海格尔木，全长 1100km。计划年调水量约 120 亿～200 亿 m^3。❷

1.2.5 张世禧西藏大隧道设想

成都市南洋高新技术研究所退休研究员张世禧教授，设想的“西藏大隧道工程计划”从雅鲁藏布江调水，总调水量 300 亿 m^3（简称张世禧设想）。从雅鲁藏布江调水的起点高程 4350m，出口高程 4000m。主要供水到新疆的缺水地区。调水线路从雅鲁藏布江的谢通门县处建坝引水，通过长隧洞引水到昆仑山的喀拉米山口出流。线路长 780km，均为深埋长隧洞，建坝一座。张世禧设想的特点是：利用超长隧洞从雅鲁藏布江引水。❸

---

❶ 资料来源：《南水北调——访问中国科学院自然资源综合考察委员会陈传友研究员》一文详细描述了陈传友调水设想。

❷ 全国政协委员、内蒙古军区原副司令员李国安，于 2008 年 3 月 8 日发表文章，建议将雅鲁藏布江水引到黄河。

❸ 资料来源：科学网—中国的调水方案概览—樊晓英的博文（sciencenet.cn）https://blog.sciencenet.cn/blog-117615-1091211.html。

1.2.6 胡长顺“南水西调”构想

国家发展和改革委西部司的胡长顺，提出要从根本上阻止甘肃民勤县的沙漠化，解决河西走廊资源性缺水问题，必须采取“南水西调”的重大战略举措，可以从通天河向河西走廊年调水 40 亿 ~ 50 亿 m^3，为了与南水北调西线工程其他方案或构想相区别，特称之为“南水西调”，即从南边的通天河向河西走廊调水，穿过巴颜喀拉山和祁连山，越过乌鞘岭分水岭，整个河西走廊就可以实现自流，这里的“西”是指河西走廊。从长远来看，还可以考虑将来向新疆输水。❶

1.2.7 清华大学“管道网络跨区域调水”

全国政协副主席陈元在分析研究的基础上，提出了管道网络跨区域调水设想，由清华大学进一步研究形成报告后提交水利部。该线路调水区取水水源为雅鲁藏布江、尼洋河、帕隆藏布江（雅鲁藏布江流域）；暂时不考虑怒江、澜沧江、金沙江、雅砻江、大渡河等沿途河流截水。受水区为新疆和田、大柴旦（柴达木盆地北缘）、罗布泊、克拉玛依、河西走廊，以及沿途经过地区。黄河宁蒙地区、长江虎跳峡（补水）为远期调水的受水区域。总可调水量为 600 亿 m^3。❷

1.2.8 李于洁青藏高原大运河工程设想

原新疆南疆阿克苏水利局总工程师李于洁，提出“青藏高原大运河工程调水大西北设想”，在雅鲁藏布江中游日喀则附近湘曲河口建坝，以梯级扬程沿河提水，经过隧洞—河流—隧洞穿越世界屋脊至长江上游通天河，再由通天河穿隧洞至格尔木河，在格尔木

---

❶ 资料来源：科学网—中国的调水方案概览—樊晓英的博文（sciencenet.cn）https://blog.sciencenet.cn/blog-117615-1091211.html。

❷ 资料来源：陈元：管道网络跨区域调水—新时期的全国治水新思路（sohu.com） https://www.sohu.com/a/226155347_257448。

河分东、北、西三条干渠，进入柴达木盆地、塔里木盆地和吐哈盆地。按照50%引水率计算，可调出水量共158.7亿m^3，其中雅鲁藏布江93.7亿m^3，朋曲河15亿m^3，通天河50亿m^3。逆水流程需建扬水泵站，总扬程为1500m。❶

1.2.9 王梦恕大西线调水方案

原全国人大代表、高铁院士王梦恕，在第十二届全国人民代表大会第五次会议上提出的“关于深入开展大西线调水工程论证并尽快实施第一期工程的建议”中，整理和提出了四川大学研究的大西线调水工程方案。大西线调水工程是将我国青藏高原区域的雅鲁藏布江干流、尼洋河、易贡藏布、怒江、澜沧江及其支流的水资源调入我国西北地区的新疆、青海、甘肃、内蒙古缺水地区。调水总量约400亿m^3。❷

1.2.10 王博永“大西线”方案

原中央党校校长秘书、国家创新与发展战略研究会秘书长王博永，撰文《积极筹划“大西线”，保障可持续发展，实现中华民族的伟大复兴》，从雅鲁藏布江下游开始，向东南穿越横断山脉，于三江并流处折向东北至四川盆地边缘，沿青藏高原边缘向北，过秦岭、黄河，经甘肃进入新疆，形成一个调水环线。通过逐级借水、补水的综合调配，借用金沙江、雅砻江、岷江（含大渡河）三江之水（均为长江支流）输往西北，降低施工成本和风险；同时，以雅鲁藏布江、怒江、澜沧江之水逐级补充至长江上游金沙江段，以维持长江水量。本线路可根据需要向多个重要地区和城市补水，也可以向渭河和黄河补水。取水线路涉及的取水口总水量超过2200亿m^3/年，按国际惯例，以25%～30%的取水比例计算，可调水量为550亿～660亿m^3/年。❸

---

❶ 李于洁. 青藏高原大运河调水大西北的设想［J］. 北京华研有限公司（香港）桑尼研究公司，2015（11）。

❷ 资料来源：青藏高原新能源发电抽水蓄能翻过唐古拉山实现西线调水设想_腾讯新闻（qq.com） https://new.qq.com/rain/a/20210109A0DMDW00。

❸ 资料来源：王博永：“大西线”引水工程应尽快提上议程（huanqiu.com） https://m.huanqiu.com/article/9CaKrnJZrnf。

1.2.11 王浩红旗河方案

2017 年 11 月，以中国工程院院士、水文水资源学家王浩为专家组组长的 S4679 课题组发布了提出的“红旗河”西部调水工程方案。[1]该方案计划利用雅鲁藏布江、怒江、澜沧江、金沙江、雅砻江、大渡河等“五江一河”之水沿我国一二级阶梯过渡带调往新疆，实现“全程自流”，总长 6188km，如图 1.8 所示。预计年总调水量可达 600 亿 m^3，占主要河流取水点总量的 21%，将在我国西北干旱区形成约 20 万 km^2 的绿洲。

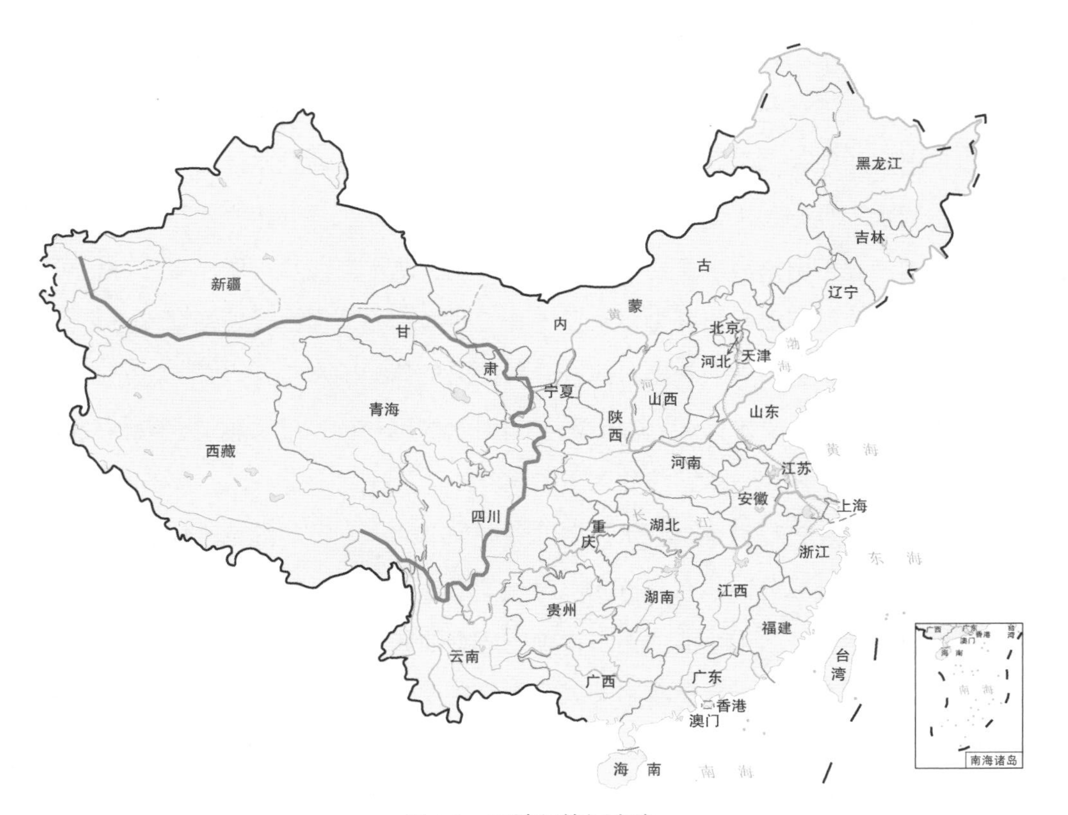

图 1.8 王浩红旗河方案

此外，还有圣山取水方案、耿昌胜藏水入疆引水明渠调水方案等。

上述调水线路主要情况汇总见附录。

---

[1] 资料来源：王浩院士：解决黄河水少问题 建议从长江上游向黄河引水（baidu.com）https://baijiahao.baidu.com/s?id=1675870718315937504&wfr=spider&for=pc。

1.3 常规调水思路

1.3.1 常规调水经验

采用跨流域调水的方法重新分配水资源，是缓解缺水问题的迫切需要。我国已建、在建的大型跨流域工程包括南水北调、引大入秦、引黄济青、引汉济渭、滇中调水工程等，积累了丰富的经验。常规的跨流域调水规划工作一般分为受水区需求分析、调出区影响分析、调水工程方案优化布置等三个阶段。第一阶段主要分析受水区的缺水情况，拟定受水范围，提出调水需求；初步分析调水河流、调水河段及可调水量，分析可能的调水线路。第二阶段复核调出区可调水量，分析调水影响，提出代表性调水方案。第三阶段针对代表性方案进行外业查勘，综合分析提出推荐的调水工程方案，进行工程布置及投资估算；以及开展受水区调入水量配置和调水作用分析、环境影响评价和经济评价等工作。跨流域调水规划技术路线如图 1.9 所示。

调水线路分析及工程布置是调水规划的关键环节之一。可能的调水线路分析应首先确定调水、受水河流或河段。在分析调水河流与受水河流关系的基础上，按照调水量适宜、工程规模适当、技术上可能的要求，确定适宜的调水河段。受水河段的选择要充分考虑受水区对水位高程的需求，有利于调入水量在受水区得到充分、高效的利用和发挥最大效益。

其次选择可能的调水地点。供水水源丰富、调水规模较小的，可从江河、湖泊等天然水域直接调引水，引、提水口选在水流、河势及岸线稳定的河段。供水水源年内分配不均、调水规模较大、要求保证率高的，宜采用修建水库调蓄等人工控制措施，从人工水源调引水。水源工程的选择应考虑调水河流水利水电工程布局情况，在调水河段内，选择地形、地质条件相对较好，有利于工程布置且工程量相对较小的地方，初拟引水坝址或引水地点。分析引水坝址或地点的地形、地质、可调水量、库容条件等因素，提出

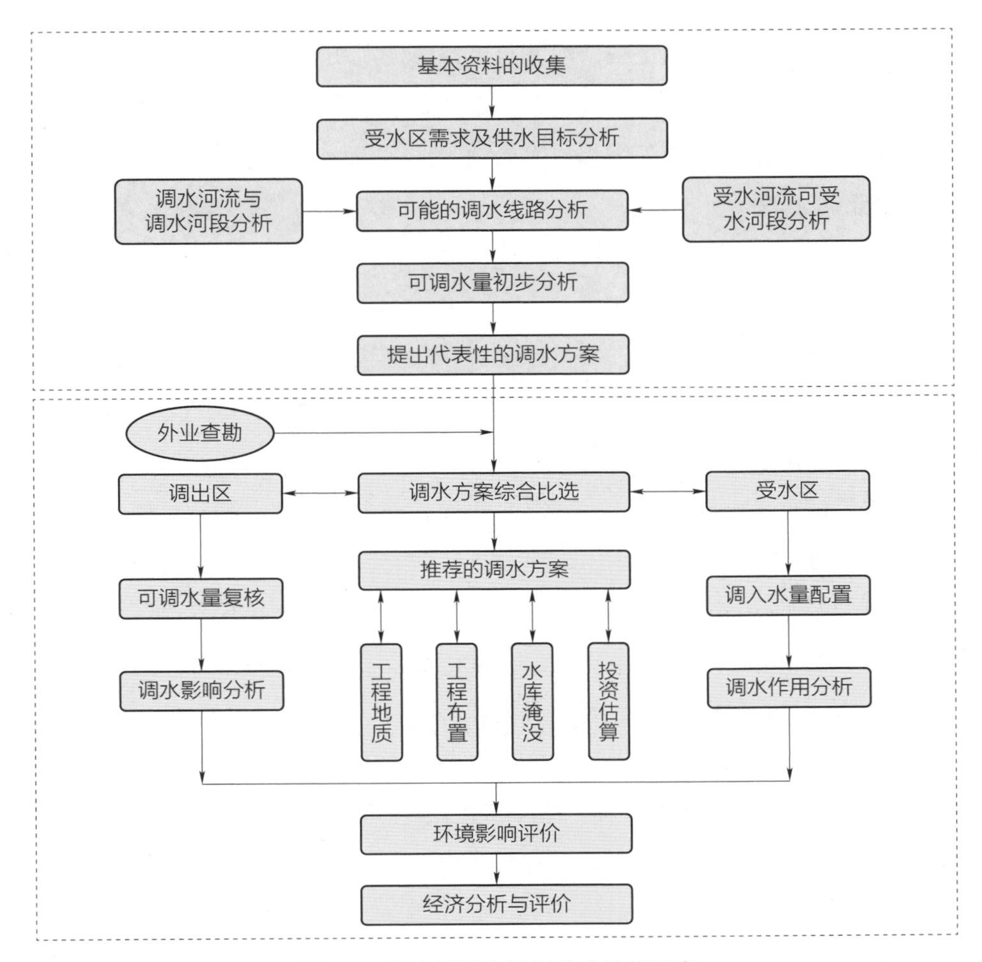

图 1.9 跨流域调水规划技术路线示意

和调水线路相结合的引水坝址或地点。

最后是调水线路布设及代表性方案选择。考虑工程区地形地质条件、工程技术条件和工程规模等因素，利用 1：10 万或 1：25 万地形图进行线路的初步布设。结合可调水量初步分析，对引水坝址及引水线路进行初选，形成几处代表性方案。组织现场查勘，分析提出调水规模适宜，工程规模适中，基本满足供水目标的代表性方案。

1.3.1.1 国内调水工程情况

新中国成立后，我国的跨流域调水工程得到了长足发展。江苏省修建了江都江水北调工程，广东修建了东深引水工程，河北与天津修建了引滦工程，山东修建了引黄济青工程，甘肃修建引大入秦工程等，最著名的是建成了迄今为止世界上最大的跨流域生态调水工程南水北调工程。这些工程都成为当地农业、工业、城市和人民生活的命脉。

1. 江水北调工程

江水北调工程，是江苏省为缓解苏北地区缺水状况，合理配置水资源，从 20 世纪 60 年代开始建建设的一项跨流域调水工程，平均每年调水 28 亿 m^3。

江水北调工程的主要任务是，以长江水补充淮沂沭泗水水量之不足和协调来水与需水在时空分布上的矛盾，为苏北地区工农业生产、城市生活、航运和生态提供水源，并承担苏北地区部分泄洪排涝任务。

江水北调工程是一项扎根长江、实现江淮沂沭泗统一调度、综合治理、综合利用工程。工程体系始建于 20 世纪 60 年代，抽引江水规模达 400m^3/s。通过由南至北布置的 9 个梯级泵站及总长 404km 干线输水河道，工程可覆盖保障苏中、苏北 7 市 50 县（市、区）、6.3 万 km^2、4500 万亩耕地、4000 万人口，向北最远可送水至徐州丰沛地区，向东北最远可补水至连云港石梁河水库。

江水北调工程以江都站为起点、京杭运河为输水骨干河道，经过洪泽湖、骆马湖调蓄，可将江水送到南四湖下级湖，至 2010 年沿途已建成江都、淮安、淮阴、泗阳、刘老涧、皂河、刘山、解台、沿湖等 9 级抽水泵站。

2. 东深供水工程

东江—深圳供水工程（简称“东深供水工程”），是北起东莞桥头镇，南至深圳水库，途经东莞、深圳两地的东深供水工程。其主线绵延 68km，将东江水输送至此，担负着香港、深圳以及工程沿线东莞 8 个镇三地 2400 多万居民生活、生产用水重任，是党中央为解决香港同胞饮水困难而兴建的跨流域大型调水工程，可谓供港生命水线。

1964 年 2 月 20 日，东深供水工程全线开工。从 20 世纪 70 年代到香港回归前，东深供水工程先后进行了三次大规模的扩建，其供水能力也从最初的年供水 0.68 亿 m^3 增至 17.43 亿 m^3。广东于 2000 年投资 49 亿元，对东深供水工程进行全面改造，将供水系统由原来的天然河道和人工渠道输水改造为封闭的专用管道输水，实现清污分流。工程于 2003 年 6 月 28 日完工通水，年设计供水量 24.23 亿 m^3。

3. 引滦工程

中国跨流域开发和利用滦河水资源的工程。引滦工程南北二线与其相连的潘家口、大黑汀、于桥、邱庄、陡河和尔王庄 6 座水库，以及其他水闸、泵站、水电站，河网、渠道等构成跨流域开发利用滦河水资源网络。其中潘家口水利枢纽是引滦工程和这个网络中的主要水源。在大黑汀水库下游电站尾水渠上建分水闸，闸左侧和右侧分别为引滦南北二线。北线即引滦入（天）津工程，南线即引滦入唐（山）工程。合计总长度为 286km，总工程量主要有混凝土 118 万 m^3，和开挖土石方逾 5200 万 m^3 等。引滦工程的建成，大大缓和及改善了天津、唐山供水状况，控制了地面沉降，改善了市区排水及卫生环境，促进了生产，并间接改善了首都北京的供水情况。

潘家口水利枢纽位于迁西县滦河干流上，水库控制流域面积 33700km^2，总库容 29.3 亿 m^3，其中防洪库容 6.85 亿 m^3，兴利库容 19.15 亿 m^3，多年平均径流量 24.5 亿 m^3。

引滦工程建成以来累计实现供水 423 亿 m^3，年均供水 11 亿 m^3 左右。

4. 引黄济青工程

引黄济青工程，是山东省境内一项将黄河水引向青岛的水利工程，是“七五”期间山东省重点工程之一。目前年均供水 11 亿 m^3 左右。

输水路线全长 291km。引水渠首设在黄河下游博兴县打渔张险工处，东南行，经宋庄泵站、王耨泵站、亭口泵站、棘洪滩水库、输水管道，达青岛市河东水厂。该工程于 1986 年 4 月 15 日开工兴建，1989 年 11 月 25 日正式通水。共完成投资 9.52 亿元，渠首设计引水流量 45m^3/s，在保证率 95%的情况下，设计向青岛市供水 30 万 m^3/d。

5. 引大入秦工程

甘肃省引大入秦工程是将发源于青海木里山的大通河水跨流域调至甘肃兰州永登县秦王川地区的大型自流供水工程。该工程于 1976 年开工，主体工程总干渠在 1994 年 10 月建成通水。设计年引水量 4.43 亿 m^3。

引大入秦主体工程通水运行 20 多年来，供水区新增有效灌溉面积 66.13 万亩、兰州南北两山生态灌溉面积 7.34 万亩，累计安置移民 5.64 万人。

6. 引汉济渭工程

“引汉济渭”为陕西省的“南水北调”工程。该工程是将汉江水引入渭河以补充西安、宝鸡、咸阳等 5 个大中城市的给水量。工程主要由三河口水库和秦岭隧洞、黄金峡—三河口输水工程、黄金峡水源泵站、黄金峡水库枢纽等五部分组成。引汉济渭工程于 2015 年正式开工建设，计划总工期约 11 年。2022 年 3 月，位于陕西省安康市宁陕县四亩地镇的秦岭输水隧洞实现全线贯通。

引汉济渭工程拟按“一次立项，分期配水”方案建设实施，2020、2025 年调水量分别达到 5 亿、10 亿 m³，2030 年调水量达到最终调水规模 15 亿 m³。

7. 南水北调工程

南水北调工程是我国的战略性工程，分东、中、西三条线路，如图 1.10 所示。东线工程起点位于江苏扬州江都水利枢纽。中线工程起点位于汉江中上游丹江口水库，受水区域为河南、河北、北京、天津四个省（市）。南水北调中线工程、南水北调东线工程（一期）已经完工并向北方地区调水。西线工程尚处于规划阶段，没有开工建设。

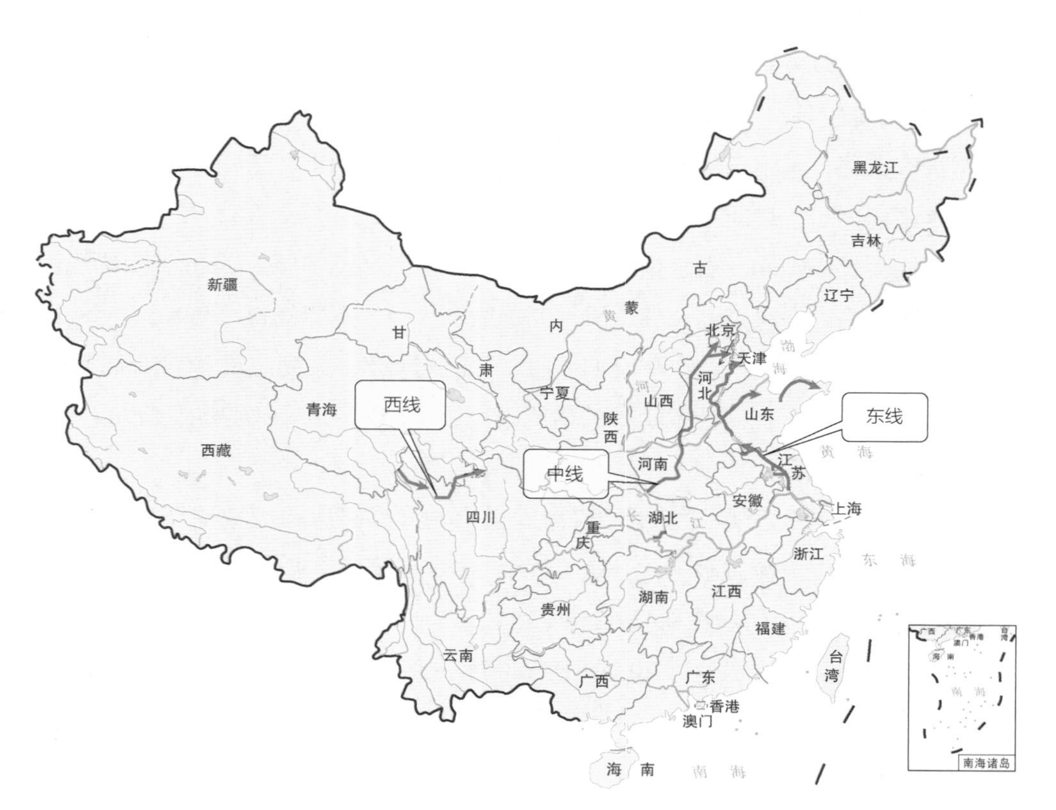

图 1.10 南水北调工程路线示意

截至 2021 年年底，南水北调东、中线一期工程累计调水约 494 亿 m³。其中，东线向山东调水 52.88 亿 m³，中线向豫冀津京调水超过 441 亿 m³。

1.3.1.2 国外调水工程情况

20 世纪 40—80 年代是调水工程建设的高峰期，国外绝大部分的大型跨流域调水工程都在这一时期兴建。从已有调水工程的分布情况来看，这些工程主要分布于加拿大、美国、苏联、印度、巴基斯坦、埃及、澳大利亚等国家。各国兴建这些大型、多目标调水工程的目的不尽相同，目前绝大部分的调水量主要用于灌溉、发电，如加拿大的调水工程主要用于发电并进行电力出口。但目前世界范围内已建的调水工程中均缺少与能源综合开发利用相结合的系统考虑。

1. 美国的中央河谷工程和加州调水工程

美国东部湿润，西部干旱缺水，早在 20 世纪就开始东水西调工程，目前已建成的跨流域调水工程有十多项，著名工程有联邦中央河谷工程、加利福尼亚北水南调工程等，这些工程年调水总量超过 200 亿 m^3。通过调水工程，加利福尼亚、洛杉矶等城市的生活和工业用水得到了保证。同时，美国在调水区域也重视不同种类新能源开发之间的协同发展问题，注重将各种新能源开发有机结合起来，建成区域产业群，更有利于形成规模经济，提升整体发展水平。美国西部各州通过风电、光伏、地热发电之间的协同发展效应得以充分发挥，通过各类能源发电的调剂，确保了新能源发电的总体稳定。西部的新能源正在形成风电、光伏发电与地热发电并驾齐驱，协同效应得以更进一步的体现，但直接与调水工程相结合的实例缺乏研究。

2. 澳大利亚的雪山调水工程

该工程在雪山河及其支流上修建水库，通过自流或抽水，经隧洞或明渠，使南流入海的雪山河水调入城市，运行范围包括澳大利亚东南部 2000km^2 的地域。在调水的同时注重能源综合开发，还产生了巨大的发电效益，电能输送到堪培拉、悉尼等重要城市；为调水建造的 16 座大大小小的水库，点缀于绿树雪山之间，成了旅游胜地；而西部的水质大为改善，生态环境宜人。实现了较好的水利、能源和生态效益。

3. 加拿大魁北克调水工程

1974 年动工兴建的魁北克调水工程，主要是将拉格朗德河邻近流域东北部的卡尼亚皮斯科河及西南部的伊斯特梅恩河的水调至拉格朗德河，引水流量 1590m^3/s，总装机容量达 1019 万 kW，年发电量 678 亿 kWh，在满足魁北克省电力需求的同时，也可将剩余电力出售到美国东北部地区。加拿大在这个工程规划中很重视水库调节径流的作用。拉格朗德河上 3 座大型水库再加上相邻河流上所建的两座大型调水水库及引水道上的水库，总库容大于 2100 亿 m^3，有效库容达 936 亿 m^3，约为跨流域调水后总的年平均径流量的 1.01 倍，调节性能很好，水电装机容量的年利用小时平均可达 5226h。

1.3.1.3 调水工程的效益

跨流域调水是人类改善水资源分配的宏伟工程，对环境、社会、经济具有深刻影响和巨大的效益，主要包括经济社会效益和生态环境效益两方面。

经济社会效益方面，调水工程缓解了缺水地区工农业用水问题，使可浇灌耕地面积进一步扩大，低产的缺水农田得到有效灌溉，在补充工业发展所必需水资源的同时也为产业多元化的发展创造机会。一些调水工程增加了通行线路和里程，促进航运事业发展；调水工程还可以增强水自身的净化能力，改善水质，扩大水域，营造人工生态景观，发展旅游业等，取得显著的经济效益和社会效益。

生态环境效益方面，调水使缺水地区增加了水域面积，加强了各含水层之间的垂直水量交换，江湖水量得到补偿调节，有利于水循环，改善了受水区气象条件。输水渠道沿线地表水和地下水的相互作用，促进了受水区土壤薄层积水，进而形成局部湿地，汇集和储存水分，缓解生态缺水，为野生动物提供了栖息的场所。

以美国大型调水工程为例来看调水工程的综合效益。美国最重要的调水工程集中在加利福尼亚州和科罗拉多河流域，包括中央河谷工程、加利福尼亚州水道工程、全美灌溉系统、科罗拉多引水渠和中亚利桑那工程等。美国西部科罗拉多河流域的调水工程为受旱地区社会经济发展提供了充足的水源，在干旱河谷地区新增灌溉面积 133 万 hm^2，仅灌溉农业产值高达 150 亿美元，使河谷地区成为美国重要的农产品生产和出口基地。供水工程还保证了加利福尼亚州南部以洛杉矶为中心的 6 个城市 1700 多万人生活和工业、环保等用水的需要。现在加利福尼亚州已成为美国人口最多、灌溉面积最大、粮食产量最高的一个州和世界旅游观光胜地。由于农牧业的发展、人口的增加、技术力量的移入，促进了石化化工、机器制造、航空航天、原子能、电影工业等产业的迅速发展，使西南地区和西海岸带成为美国电子、航空和军事等尖端新兴工业中心。生态环境方面，调水有利于地表、地下水的合理调度，增加了地下水入渗和回灌，有效控制和防止了加利福尼亚州一些地区因超采地下水带来的危害，起到了保水固土作用。调水促进了当地的生态修复，干旱荒凉的南加利福尼亚州现已成为一片景色宜人的绿洲。美国西部的调水工程对美国西部地区经济的快速发展以及对整个美国经济的宏观布局和资源优化配置都起到了十分重要的作用。通过有计划地建设长距离调水工程，给缺水地区的经济和社会发展注入了新的生机和活力，大大促进了人民生活水平的提高。

1.3.2　常规调水特点

常用的调水工程手段主要有输水明渠、引水隧洞和电泵+压力管道 3 种。输水明渠有三个特点，一是水面与大气接触，按照大气压力条件运送水流；二是水位及流量跟随横断面而变化；三是水流方向由重力决定，明渠的水力坡降线与自由水面重合。根据这些特性，自然河道、人工运河以及排水管道都属于明渠。明渠的建设通常根据地形条件，按照挖方或填方工程量最小为目标选择截面形状，多为上宽下窄的梯形。红旗渠就是典型的人工明渠，如图 1.11 所示。当明渠需要跨越河渠、溪谷、洼地和道路时，需要架设渡槽（也称“过水桥”）使明渠高于地面，以确保输水通道比降的连续。

图 1.11　红旗渠

引水隧洞主要用于穿越山体，通常面临地质构造复杂、自然环境恶劣、地震烈度高、不良地质多发等不利因素。随着隧洞长度和埋深的增加，工程建设难度、造价和后期的运营风险都将大大提高。以引汉济渭长距离调水工程为例，作为“两库一隧”控制性工程，秦岭输水隧洞连通汉江与渭河，全长 98.26km，纵坡 1/2500，最大埋深 2012m，以三河口水利枢纽坝后泵站控制闸为界，分为黄三段和越岭段，沿线布设 14 条施工支洞。秦岭输水隧洞修建过程中面临诸多工程技术难题，包括工程的总体布局、规划、实施难度空前，超长距离的贯通测量难度超出常见规范要求、长距离施工通风难度大、软岩易变形问题、高地应力及岩爆、硬岩掘进难度大等[1]。这些都是长距离深埋引水隧洞施工中需要克服的难点。

电泵+压力管道借助电力驱动水泵使水从低处向高处流动，实现水位提升，在深埋长隧洞难以施工的情况下解决翻山调水的问题，但需要额外增加水泵的投资，日常运行中需要消耗大量电能。以南水北调东线工程为例，东线泵站群工程实施分三期，第一期工程输水干线长 1467km，全线共设立 13 个梯级泵站，总扬程 65m，总装机台数 160 台，总装机容量 36.62 万 kW，总装机流量 4447.6m^3/s，具有规模大、泵型多、扬程低、流量大、年利用小时高等特点。按照年利用 5000h 考虑，年耗电量约 19 亿 kWh。第二期工程增建泵站 13 座，工期 3 年；第三期工程增建泵站 17 座，工期 5 年。南水北调东线第一、二、三期主体工程共计投资 420 亿元。

常规调水方式以寻找自流路径为重点，利用高位水体自身的重力势能实现水的空间转移。调水通常沿等高线按照一定比降开挖明渠或利用天然河道，在遇到高山等障碍无法找到连续单调下降的等高线时，则需采用隧洞（穿越高山）或电泵提水（翻山）等技术手段。常规调水普遍采用隧洞的形式，避免大规模提水带来的能耗。因此，长距离深埋隧洞是常规调水工程的关键瓶颈，决定了许多大型调水工程的技术及经济可行性。以王浩红旗河方案为例，工程起始于青藏高原东南部地区，当地一系列大江大河深深切割出高山深谷地貌特征，是地球上高差最大地区之一。采取输水明渠的方式难以寻找连续的路径，必须建设大量深埋长隧洞（共设计隧洞 136 条，总长达 2337km），工程建设难度大、投资高。

常规调水极少采用电泵提水方式。电泵提水需要额外投入电泵等设备，并且调水过

[1] 杜小洲. 引汉济渭秦岭输水隧洞关键技术问题及其研究进展［J］. 人民黄河，2020，42（11）：138-142。

程中持续耗能，运行费用高，极少采用这种方式。在特殊情况下（如南水北调东线工程），即使采用电泵提水，也尽量控制提水高度以减少能耗，同时为降低设备总投资，在运行过程中要保持较高的电泵利用效率。因此，常规调水工程中的电泵需要稳定可控的电力供应，如火电等，用电成本难以下降且带来较多的碳排放。

1.4 调 水 新 思 路

1.4.1 新型抽水蓄能理念

常规抽水蓄能是利用水作为储能介质实现电能存储与转化的典型工程，水在上水库和下水库之间就地循环抽发。全球能源互联网发展合作组织研究提出“新型抽水蓄能”理念。所谓新型抽水蓄能，即指以新能源为主要动力，在流域间建设一系列调蓄水库、不同高程的短距离引水道、可逆式水泵水轮机组和水轮发电机组，实现跨流域调水和电能存储的一种综合性水利水电工程。

新型抽水蓄能改变了常规抽水蓄能在同一组上、下水库间就地循环抽发的运行方式，既可“就地抽发”也可“异地抽发”；改变了常规调水水流方向由重力决定的特点，可由新能源驱动在不同高度间自由流动，克服地形障碍。新型抽水蓄能是一种联结“水系统”与“电系统”的综合工程，具有调水和蓄能两个功能，实现了“水”与“电”两种资源的高效利用和协同优化。基于新型抽水蓄能的调水思路与常规调水思路的对比如图 1.12 所示。

新型抽水蓄能具有风光赋能、电水协同、抽发分离、运行灵活等四大特点。

风光赋能：以新能源为能量来源，为翻越地形障碍提供全新解决方案。新能源发电成本快速下降使大规模电泵提水具备经济可行性，打开调水工程研究的新视角。我国西南地区具有被一系列大江大河深深切割的高山深谷的特殊地貌，常规调水方式难以找到自流线路，只能依赖深埋长隧洞。基于新型抽水蓄能的调水工程为此类调水提供了全新的解决方案。

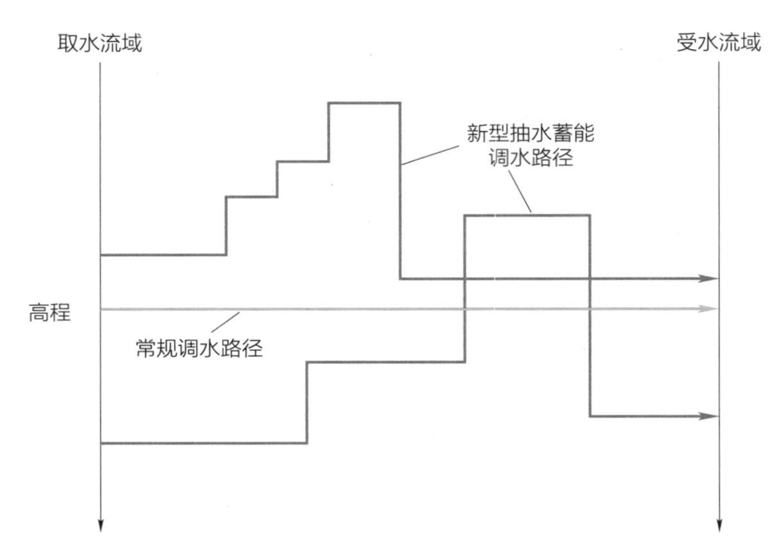

图 1.12 基于新型抽水蓄能的调水思路与常规调水思路的对比

电水协同：以大规模水库群实现水的稳定配置和电的灵活调节两大功能。新型抽水蓄能通过建设流域间的一系列上库群和下库群，对来水量的变化以及新能源的随机性和波动性进行调蓄，同时满足受水端的水量需求和电力系统的储能需求。跨流域大规模调水的距离远、路径长，水库站址的选择多，新型抽水蓄能的调节能力通常可达到年调节甚至多年调节水平。新型抽水蓄能在优化配置水资源的同时高效利用风光等清洁能源，实现了水资源系统和能源系统的协同优化。

抽发分离：可根据调水和储能需求，分别优化部署抽水端与发电端。可根据地形地貌情况，灵活选择取水点和受水点。抽水端综合考虑取水点的水文特性和新能源的出力特性，合理安排抽水机组；受水端根据用水和用电需求，实现发电机组的高效利用。抽水机组和发电机组共同决定了新型抽水蓄能的功率调节范围。

运行灵活：以灵活多样的运行方式适应新能源的波动性和水资源的时空不均衡性。抽水端采用可逆式水轮机，可根据需要采用“就地抽发”和“异地抽发”两种运行方式。在丰水期以调水为主，新能源出力富余时满功率抽水，利用水库的调蓄功能实现向受水端稳定输水；在枯水期可调水量有限时，可以作为常规抽水蓄能发挥调节作用，新能源出力富余时抽水，出力不足时将上水库的水量再放回原有河道，保证取水河道的流量稳定和可持续。受水端的发电机组依托水库的调蓄能力，按需放水发电，满足用水和用电双重需求。

1.4.2 基于新型抽水蓄能的调水思路

基于新型抽水蓄能理念的调水发展思路是：以新能源为动力，以调蓄水库为枢纽，以引水渠为联络，构建电–水协同的“输–储”网络。依托新能源为水资源配置提供动能，依托抽水蓄能电站为新能源消纳提供储能，成为国家水网的蓄水池、新型电力系统的蓄电池，支撑水资源的跨时空、大规模优化配置，支撑新能源的基地化开发与高效利用，形成水网电网有机互动的“电–水”协同发展新格局。

1. 工程构成

基于新型抽水蓄能的调水工程可以同时满足跨流域调水和提供调节能力的双重要求，工程主要由提水、引水和发电三部分构成，如图 1.13 所示。

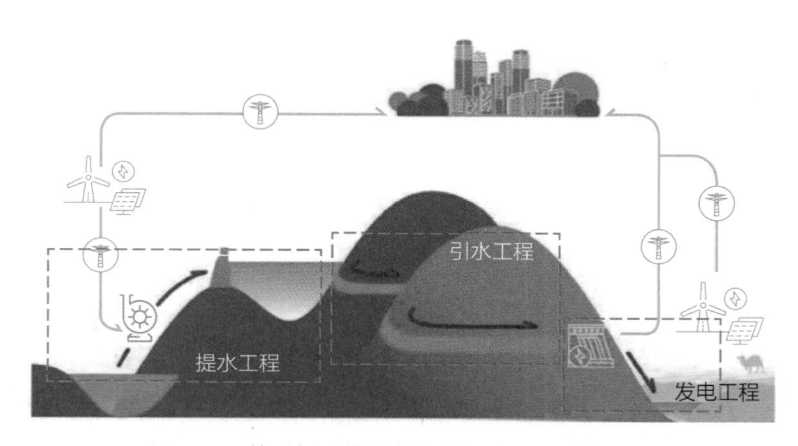

图 1.13 基于新型抽水蓄能的调水工程结构示意

提水工程主要包含调蓄水库、压力管道和可逆式水泵水轮机组等，用新能源电力提水，实现障碍翻越和能量存储。常用的抽水蓄能机组在电力富余时吸收电能将下水库的水提升到上水库存储，在电力供应不足时再放水发电，实现电力系统的削峰填谷。调水工程采用的抽水机组也可以根据电力系统供需情况制定开机运行方式，在新能源大发时满功率抽水，在新能源出力不足时停机，配合水库的调节作用，能够在保证调水量的前提下，为系统提供灵活调节能力。采用可逆式水轮机，在枯期水源不足或管线停运检修等停止调水的情况下，取水点的抽水机组可以作为常规的抽水蓄能使用，为随机性、波动性强的新能源合理消纳提供新的方式和途径。

引水工程主要包含明渠、管道及隧洞等，将水从取水端输送至受水端。其中，自流段以明渠为主，落差段以压力管道为主。青藏高原东南部地区具有被一系列大江大河深深切割的高山深谷的特殊地貌，提水段、落差段的设计可以避免常规调水依赖深埋长隧洞的问题。

发电工程包括水力发电机组等，利用水体势能发电回收能量，将随机波动的新能源电力转化为可调节的水电电力。利用电泵提升的水体，在实现输水的基础上，也赋予了水更多的势能，翻越分水岭等高大障碍后，在受水端还要降低高度后加以使用，在这个过程中充分利用水头进行发电，可以尽量回收能量，减少工程的总体能耗，相当于将取水端的水和电能共同输送到受水端。同时，受水端的水力发电可控可调节，能够更好地满足用电需求，也可以支撑当地一定规模新能源的开发和利用。

2. 运行方式

根据取水流域丰枯变化、新能源随机波动等情况，灵活采用异地抽发和就地抽发两种不同运行方式，在完成调水任务的前提下，为电力系统提供灵活调节能力。

丰水期主要完成调水任务，以异地抽发为主。丰水期新能源大发时，提水工程作为灵活负荷，从取水点抽水并存于水库；新能源出力下降时，根据系统需要减少或停止取水端提水，提高受水端发电出力。

枯水期以就地抽发为主。新能源大发时，从取水点抽水并存于水库；新能源出力下降时，提水工程停止提水，甚至切换为发电模式，将水放回取水流域。

基于新型抽水蓄能的调水工程在实现跨流域水配置的基础上，一方面将取水端的波动性新能源电力转化成受水端的可调节水电，同时还可发挥常规抽水蓄能功能提供灵活调节能力，实现跨流域调水与新能源开发利用的统筹协调和联合优化。基于新型抽水蓄能的调水工程将为加快实施国家水网重大工程、开发西部大型新能源基地、实现水资源在全国范围内优化配置和构建适应新能源占比逐渐提升的新型电力系统提供全新的技术手段。

1.4.3 新思路的优势

基于新型抽水蓄能的调水工程突破了常规调水工程的局限，同时完美契合新能源开发，在实现跨流域调水的同时支撑新能源的大规模开发和利用，实现了以风光换水、电水同输。

相比常规调水，技术制约少，可选方案更多。基于新型抽水蓄能的调水工程，将常规调水的大范围单一高程自流线路选择问题，变为多段自流路线选择，从原理上增加了一个自由度，可以通过建设多个提水段、自流段来翻越高山峡谷，大大提高工程的技术可行域，也增加了取水点和调水路径的选择范围，有效回避了常规调水常见的连续等高线绕行距离过长、地质脆弱地区深埋长隧洞建设施工难度大等工程难题。

工程规模可控，风险隐患少。基于新型抽水蓄能的调水工程，可选方案多，可以“化整为零”把巨型工程分解为多个中小型单体工程，既避免了常规调水单一超级工程施工难度大、投资高的问题，也大大降低了地质灾害等特殊情况下工程受损的程度和重新恢复运行的难度。特别是在青藏高原东南部地区，被大江大河深深切割的高山峡谷地形地貌特殊且地质灾害多发，基于新型抽水蓄能的调水工程相比常规调水工程韧性和安全性大幅提高。

电力储存和调节能力强，是构成新型电力系统的重要组成部分。工程的灵活调节能力包括三个方面，一是抽水用电负荷是一个可调节、可中断的灵活负荷，二是工程受水端的水电可调可控，三是取水端在非调水时段可转换为“就地抽发”的常规抽水蓄能。基于新型抽水蓄能的调水工程能够与随机波动性强的新能源有效匹配，为新型电力系统提供双向的灵活性调节能力，为实现全社会“碳达峰碳中和”战略目标和能源系统的清洁转型提供强力支撑。

2 基础数据与方法

本章建立了一套基于新型抽水蓄能的跨流域调水方案全数字化研究新方法，为调水工程方案研究奠定了基础。研究过程中收集了西南、西北地区以及“五江二河”流域的卫星影像、数字高程模型、水文数据、地形地质、交通路网等数字化信息。在此基础上，优选各项技术指标优异、尽可能避让各类限制性因素的新型抽水蓄能站址，并在多个海拔上统筹优化自流调水路径；建立了一套新型抽水蓄能装机容量优化方法，合理确定抽水蓄能利用率、引水工程规模和装机容量等，达到跨流域调水和蓄能调节 2 个功能在工程上的协调与统一。

2.1 研究范围

本书的研究范围覆盖中国西南地区和西北地区，其中雅鲁藏布江、怒江、澜沧江、金沙江、雅砻江、大渡河等“五江一河”的上游为水源地，黄河上游和西北地区为受水区域。

本书的地理区域范围为北纬 20.1° ~ 49.2°，东经 73.5° ~ 109.6° 的中国境内区域，涉及西藏、四川、云南、甘肃、青海、新疆 6 省区，地域面积 435.7 万 km^2。

从内容上，在调水方案方面，本书研究了包括调水量分析、调水通道、取水点、新型抽水蓄能选址、引水路径选择、装机容量测算、工程规模及投资估算等内容。在此基础上，结合西部新能源特性测算了调水工程可提供的电力系统灵活性能力，测算了调水工程对能源转型、促进经济发展、粮食增产和碳减排等方面的效益。

2.2 基础数据

本书研究过程中获取了西部“五江两河”的数字化河网、水文等基本信息，收集、整理、整合了研究范围内的卫星影像、数字高程、交通基础设施、地质地层、断层及地震分布、保护区分布等 7 类基础数据，并对栅格和矢量不同格式的数据进行了整理和融合，形成了支撑西部调水研究的基础数据集，数据总容量超过 221GB（其中 DEM 数据 7.5GB，卫星影像等其他数据 214GB）。

2.2.1 河流的基本情况

2.2.1.1 雅鲁藏布江

雅鲁藏布江是一条国际河流，发源于喜马拉雅山北麓的杰马央宗冰川，由西向东，穿行西藏日喀则、拉萨、山南、林芝四个地市，先后接纳多雄藏布、年楚河、拉萨河、尼洋河等主要支流后，绕过喜马拉雅山脉的东部地区，向南流入印度、孟加拉国，最后注入印度洋。雅鲁藏布江在中国境内长 2057km、流域面积 24 万 km^2、多年平均出境水量 1660 亿 m^3。雅鲁藏布江南面为喜马拉雅山、北侧是冈底斯山和念青唐古拉山脉，山高河低，河谷呈 V 形。干流在里孜以上为上游，河谷形态为高原宽谷类型；里孜到派镇为中游，流量增大，河谷宽窄相间，呈串珠状；派镇到巴昔卡为下游，穿行于高山峡谷中，在南迦巴瓦峰附近河流流向骤然由东流折向南流，再转向西南流，形成世界上罕见的马蹄形大河湾。

雅鲁藏布江流域内新构造活动活跃，岩浆活动频繁，地震、地热活动强烈。雅鲁藏布江是我国含沙量最低的大河之一，奴下水文站多年平均含沙量仅 0.28kg/m^3。

雅鲁藏布江干流水力资源丰富，根据成都勘测设计研究院 21 级梯级水电站规划，装机容量 56452MW，年发电量 2956.5 亿 kWh，是我国乃至世界上著名的水力资源“富矿”。雅鲁藏布江干流落差大，平均比降 0.264%。干流下游派乡至墨脱河段的大河湾落差十分集中，通过隧洞截弯取直进行引水式开发可利用落差达 2190m。

2.2.1.2 怒江

怒江是一条国际河流，发源于西藏自治区唐古拉山南麓的吉热格帕山，大致流向先自西北向东南，贡山以下自北向南沿横断山脉与澜沧江平行。它深入青藏高原内部，由西北向东南斜贯西藏东部的平浅谷地，入云南省折向南流，流经缅甸最后注入印度洋。怒江嘉玉桥以上为上游，两岸是海拔 5500～6000m 的高山，河谷深切。怒江全流域面积 32.5 万 km^2，干流全长 3673km；中国境内流域面积 13.6 万 km^2，干流河段全长 2020km，多年平均径流量约 700 亿 m^3。

怒江上游干流主要水文测站有嘉玉桥和道街坝水文站，纵断面及主要站点水资源量情况如图 2.1 所示。[1]

[1] 资料来源：水利部水文局，中华人民共和国水文年鉴（2006—2019 年）。

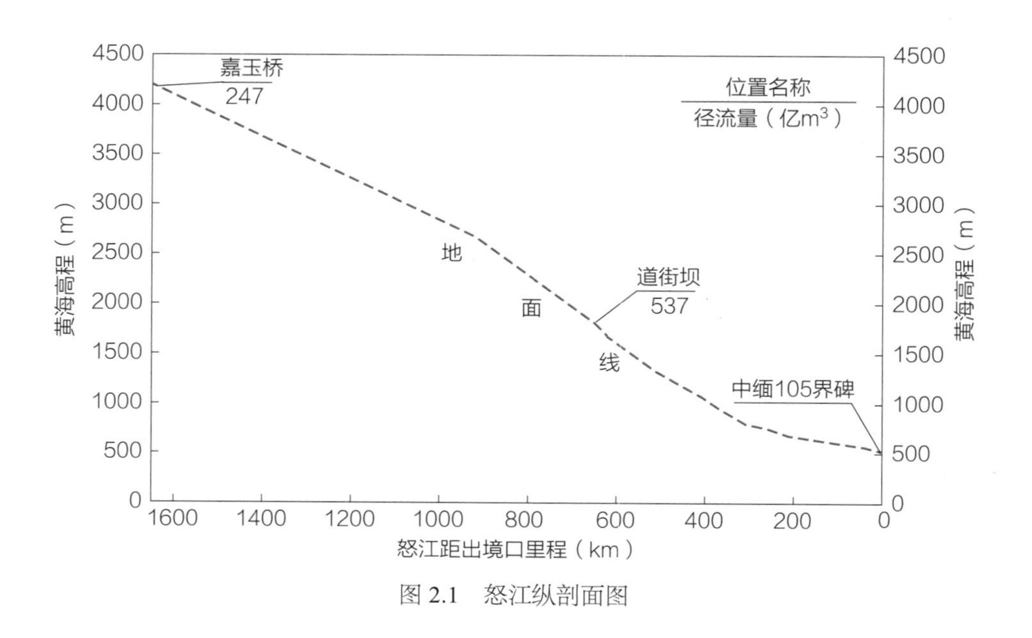

图 2.1 怒江纵剖面图

怒江径流年内分配不均，汛期（5—10 月）径流量占全年总量的 80%左右。经分析计算各水文站多年平均径流量如表 2.1 所示。

表 2.1 怒江主要水文站水量统计表

站名	高程（m）	多年平均径流量（亿 m³）	不同频率年径流量（亿 m³）			
			20%	50%	75%	95%
嘉玉桥	4200	247	293	242	206	161
道街坝	1810	537	599	534	485	420

怒江流域地震频繁而剧烈，高产沙区集中于云南道街坝以下河段。

怒江流域水能资源丰富，主要集中在干流，干流理论蕴藏量在 30GW 以上。当前怒江流域水资源开发利用程度低，以支流上的中小型电站为主。

2.2.1.3 澜沧江

澜沧江是一条国际河流，是湄公河上游在中国境内河段的名称。发源于青藏高原唐古拉山青海杂多县吉富山麓扎曲的谷涌曲，源头海拔 5200m，扎曲在西藏自治区的昌都与昂曲汇合后始称澜沧江。流经云南省，与支流南腊河汇合后流出国境后称湄公河，再经老挝、泰国、柬埔寨、越南，最后注入南海。澜沧江北部与长江上游通天河相邻，西部与怒江相邻，东部与金沙江和红河相邻。中国境内干流长 2161km，径流量约 742 亿 m^3。径流以降雨补给为主，年内、年际分布极不均匀。

雨季（5—10 月）径流量约占全年的 80%，最大月径流量上游出现在 7 月，中下游出现在 8 月，约占年径流量 20%以上。澜沧江干流主要水文测站有昌都、溜筒江、旧州水文站，河道纵坡面及典型控制站年径流量如图 2.2 所示，经分析计算各水文站多年平均径流量如表 2.2 所示。

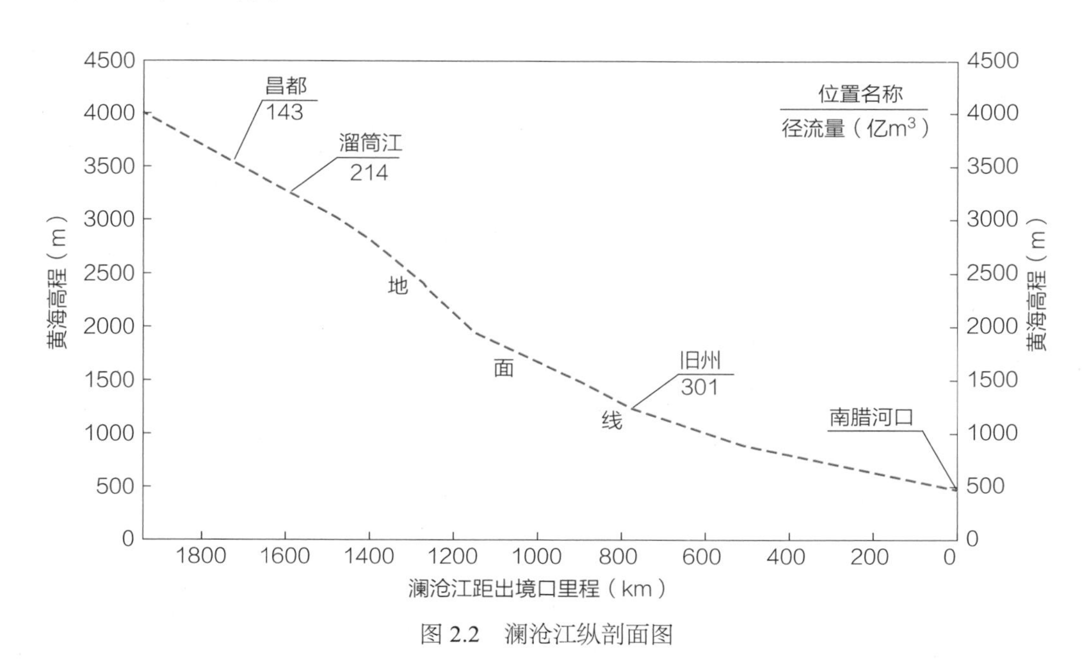

图 2.2 澜沧江纵剖面图

表 2.2 澜沧江主要水文站水量统计表

站名	高程（m）	多年平均径流量（亿 m^3）	不同频率年径流量（亿 m^3）			
			20%	50%	75%	95%
昌都	3550	143	169	141	121	96
溜筒江	3250	214	246	212	187	155
旧州	1230	301	345	297	262	217

澜沧江流域地震频繁而剧烈，高产沙区集中于云南云龙县以下河段。

澜沧江落差集中，水能资源丰富，主要集中在干流，已开发水电站主要位于云南境内。澜沧江上游西藏段规划八级电站，上游云南段规划七级电站，其中云南段的乌弄龙水电站以上河段均未开发。

乌弄龙水电站位于云南省维西傈僳族自治县，正常蓄水位 1906m，调节库容 0.61 亿 m^3；里底水电站位于云南省维西傈僳族自治县，正常蓄水位 1820m，调节库容 0.15 亿 m^3。

2.2.1.4 金沙江

长江源水系发源于青海境内唐古拉山脉的格拉丹冬雪山北麓，汇成通天河后，到青海玉树县境进入横断山区，开始称为金沙江。流经云南高原西北部、川西南山地，于攀枝花市接纳雅砻江、到四川盆地西南部的宜宾接纳岷江为止。通天河是长江上游的一段，它上起囊极巴陇与长江正源当曲相接，下至青海玉树附近的巴塘河口，横贯玉树州全境，河长 813km，天然落差约 700m，直门达站多年平均径流量为 122 亿 m^3。通天河左岸有然池曲、北麓河、楚玛尔河、色吾曲和德曲等支流，右岸有莫曲、牙哥曲、科欠曲、聂恰曲、登艾龙曲和叶曲等支流。

通天河的河床海拔高 3000～4000m。楚玛尔河口以上为高原丘陵区，楚玛尔河口至登艾龙曲口（治家）为高原丘陵区向高山峡谷区过渡地带，登艾龙曲口（治家）以下为高山峡谷区。

巴塘曲口以下至宜宾称为金沙江，河道全长 2316km，流域面积 34 万 km^2，天然落差 3300m，年径流量 301.9 亿 m^3（巴塘站）。河谷地貌特征以德格县白曲河口和巴塘县玛曲河口附近分为上、中、下三段。其中上段为峡宽相间河谷段，中段为深切峡谷段，下段为峡谷间窄谷段。河道纵剖面如图 2.3 所示。

金沙江径流年内分配不均，汛期（5—10 月）径流量占全年总量的 80%左右。金沙江干流主要水文测站有直门达、岗托、巴塘、石鼓水文站，经分析计算其多年平均径流量如表 2.3 所示。

金沙江流域地质较不稳定区和不稳定区共占 29%，基本稳定区 69%，稳定区占 2%。金沙江是长江流域上游的重点产沙河流，三分之二左右的沙量来自雅砻江口以下地区。

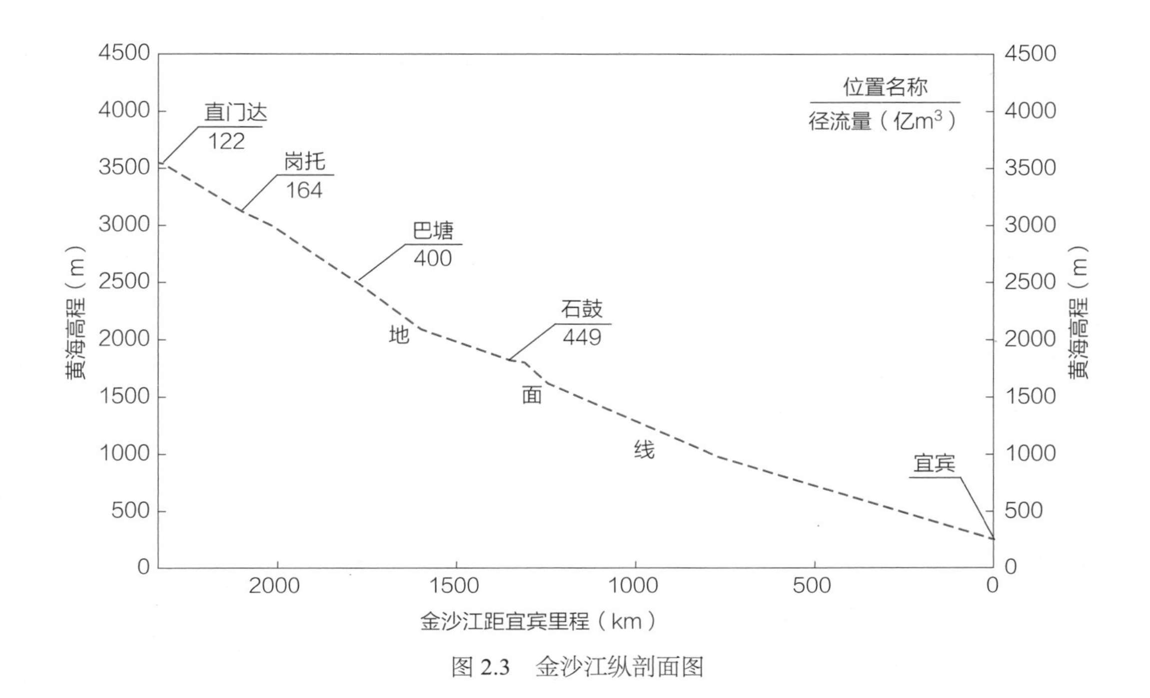

图 2.3 金沙江纵剖面图

表 2.3 金沙江主要水文站水量统计表

站名	高程（m）	多年平均径流量（亿 m^3）	不同频率年径流量（亿 m^3）			
			20%	50%	75%	95%
直门达	3540	122	149	119	98	73
岗托	3120	164	196	161	136	105
巴塘	2480	400	475	393	335	262
石鼓	1820	449	533	441	376	294

金沙江流域水量丰沛，落差大，水能资源丰富，主要集中在干流，是我国重要的水电能源基地。中上游已建、在建水电站包括叶巴滩、拉哇、巴塘、苏洼龙、昌波、梨园、阿海、金安桥、龙开口、鲁地拉、观音岩等。

叶巴滩水电站为金沙江上游 13 个梯级电站中的第 7 级，上游为波罗水电站，下游为拉哇水电站。电站以发电为主，兼有防洪、环境保护、水土保持和旅游开发等综合功能。2017 年 6 月，叶巴滩水电站正式开工。

金沙江上游已建、在建电站的主要技术指标如表 2.4 所示。

表 2.4 金沙江上游已建、在建电站主要技术指标

项目	金沙江干流研究河段					
梯级名称	叶巴滩	拉哇	巴塘	苏洼龙	昌波	梨园
坝址位置	白玉县	巴塘县	巴塘县	巴塘县	德荣县	丽江
正常蓄水位（m）	2889	2698	2545	2475	2385	1620
调节库容（亿 m^3）	8.96	9.45	0.26	0.84	0.07	1.73
梯级名称	阿海	金安桥	龙开口	鲁地拉	观音岩	
坝址位置	丽江	丽江	鹤庆县	永胜县	攀枝花	
正常蓄水位（m）	1504	1414	1297	1221	1132	
调节库容（亿 m^3）	2.15	3.13	1.3	5.74	5.42	

2.2.1.5 雅砻江

雅砻江是金沙江最大支流，发源于青海巴颜喀拉山系尼彦纳克山与冬拉冈岭之间，经青海流入四川，于攀枝花市三堆子入金沙江。流域地势北、西、东三面高，向南倾斜，河源地区隔巴颜喀拉山脉与黄河流域为界，其余周边夹于金沙江与大渡河流域之间，呈狭长形。石渠以上为石渠河，流经丘状高原地区。石渠以下称雅砻江，由于山原地貌逐渐进入高山峡谷地带，为横断山区北南向的主要河系之一。

雅砻江全长 1571km，四川境内 1357km，流域面积 13.6 万 km^2，河口多年平均流量为 1860m^3/s，径流年际变化不大，丰沛而稳定，年径流量 587 亿 m^3。雅砻江纵剖面如图 2.4 所示。雅砻江径流年内分配不均，汛期（5—10 月）径流量占全年总量的 80%左右。主要水文测站甘孜、雅江、洼里、泸宁水文站，经分析计算，各站多年平均径流量如表 2.5 所示。

雅砻江上中游的甘孜、炉霍是强震区。雅砻江上中游地区多为森林覆盖，河流输沙强度较弱，含沙量较少。

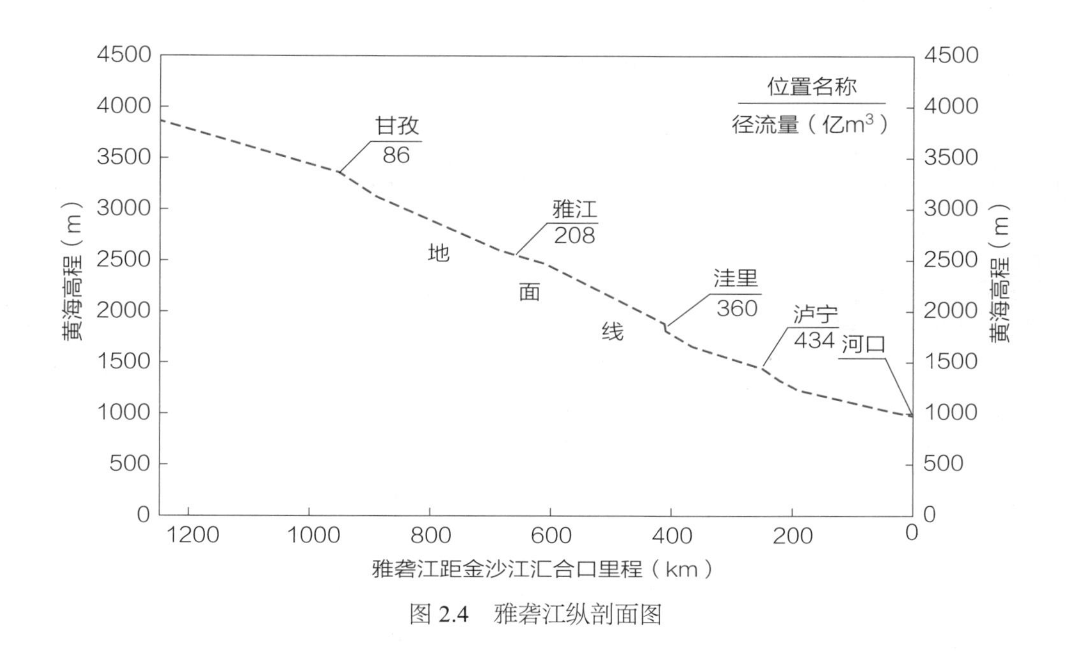

图 2.4　雅砻江纵剖面图

表 2.5　　　　雅砻江主要水文站水量统计表

站名	高程（m）	多年平均径流量（亿 m³）	不同频率年径流量（亿 m³）			
			20%	50%	75%	95%
甘孜	3360	86	98	85	76	64
雅江	2650	208	239	205	181	149
洼里	1810	360	424	362	326	258
泸宁	1440	434	498	429	379	314

雅砻江水系水量丰沛，落差巨大，蕴藏了丰富的水能资源。已建、在建水电站包括两河口、杨房沟、锦屏一级、锦屏二级、官地、二滩、桐子林等。

两河口水电站为雅砻江中下游梯级电站的控制性水库电站工程，电站的开发目的主要为发电，同时具有蓄水蓄能、分担长江中下游防洪任务、改善长江航道枯水期航运条件的功能和作用。2022 年 3 月，雅砻江两河口水电站 6 台机组实现全部投产发电。

雅砻江已建、在建电站的主要技术指标如表 2.6 所示。

表 2.6 雅砻江已建、在建电站主要技术指标

项目	雅砻江干流研究河段						
梯级名称	两河口	杨房沟	锦屏一级	锦屏二级	官地	二滩	桐子林
坝址位置	雅江县	木里县	盐源县	盐源县	盐源县	攀枝花	攀枝花
正常蓄水位（m）	2865	2135	1880	1646	1330	1200	1015
调节库容（亿 m^3）	65.6	13.5	49.1	0.04	1.28	33.7	0.14

2.2.1.6 大渡河

大渡河发源于青海省境界洛山东南麓，分东西两源，东源足木足河，西源绰斯甲河，以东源为主流。两源于四川省马尔康双河口汇合后始称大渡河。南流经金川、丹巴、泸定至石棉折向东流，经汉源、金口河、峨边在乐山草鞋渡纳青衣江后，再东流约 5km 于乐山城南注入岷江，全长约 1050km，流域面积 7.68 万 km^2。大渡河主要水文测站有足木足、绰斯甲、大金、丹巴、泸定等水文站，纵剖面图及水文站点分布如图 2.5 所示。

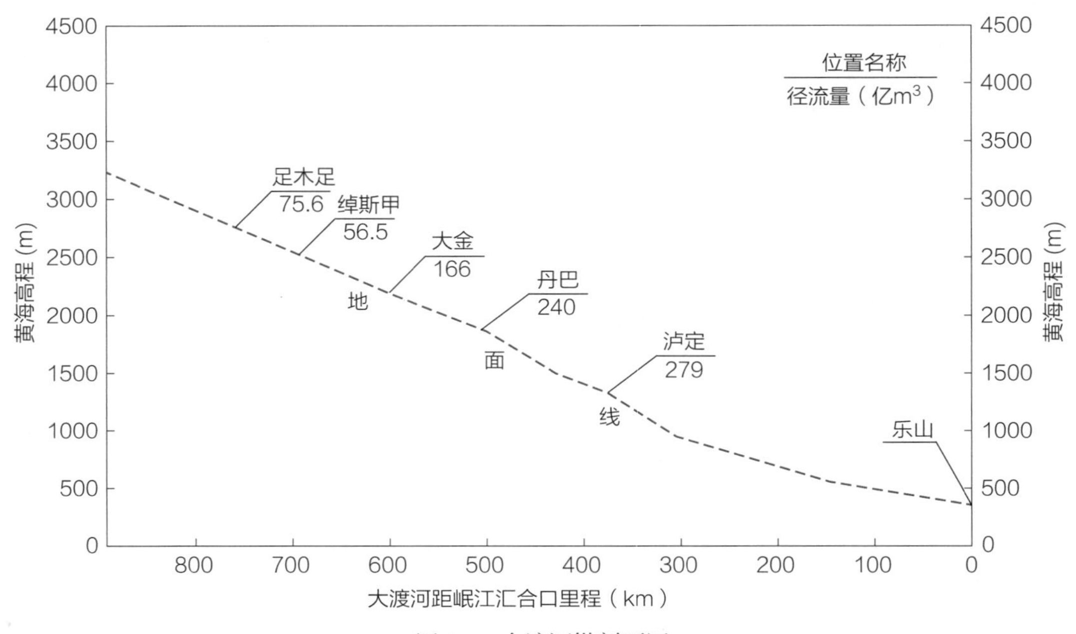

图 2.5 大渡河纵剖面图

大渡河径流年内分配较为不均，汛期（5—10 月）径流量占全年总量的 60% ~ 70%。各水文站多年平均径流量如表 2.7 所示。

表 2.7 大渡河主要水文站水量统计表

站名	高程（m）	多年平均径流量（亿 m^3）	不同频率年径流量（亿 m^3）			
			20%	50%	75%	95%
足木足	2710	75.6	86	75	67	56
绰斯甲	2540	56.5	66	56	48	39
大金	2200	166	188	165	147	125
丹巴	1860	240	270	238	215	184
泸定	1330	279	310	276	251	217

大渡河大金川以上河段泥沙来量较少，而流沙河、尼日河等支流含沙量较大，造成干流下游含沙量大增。

大渡河水系水能资源丰富，已建、在建水电站包括双江口、金川以及猴子岩及其下游的长河坝、黄金坪等。

双江口水电站位于四川省马尔康市，正常蓄水位 2500m，为大渡河 3 库 22 级开发方案中的第 5 级，上游为卜寺沟水电站，下游为金川水电站。双江口水电站是大渡河流域水电梯级开发的上游控制性水库工程，2022 年 8 月，水电站泄洪系统洞式溢洪道开挖完成。

2.2.1.7 黄河

黄河流域地处我国中部，位于东经 96° ~ 119°、北纬 32° ~ 42°，东西长约 1900km，南北宽约 1100km，流域面积 79.5 万 km^2（包括内流区 42 万 km^2），干流河道全长 5464km，是我国的第二大河。与其他江河不同，黄河流域上中游地区的面积占总面积的 97%；长约 800km 的黄河下游河床高于两岸地面之上，流域面积只占 3%。

黄河发源于青藏高原巴颜喀拉山北麓海拔 4500m 的约古宗列盆地，流经青海、四川、甘肃、宁夏、内蒙古、山西、陕西、河南、山东等九省（自治区），于山东省垦利县注入渤海。干流河道全长 5464km，落差 4480m，流域面积 79.5 万 km^2。黄河支流众多，流域面积大于 1000km^2 的有 76 条，其中大于 1 万 km^2 的有 11 条。黄河纵剖面图及水文站点分布如图 2.6 所示。

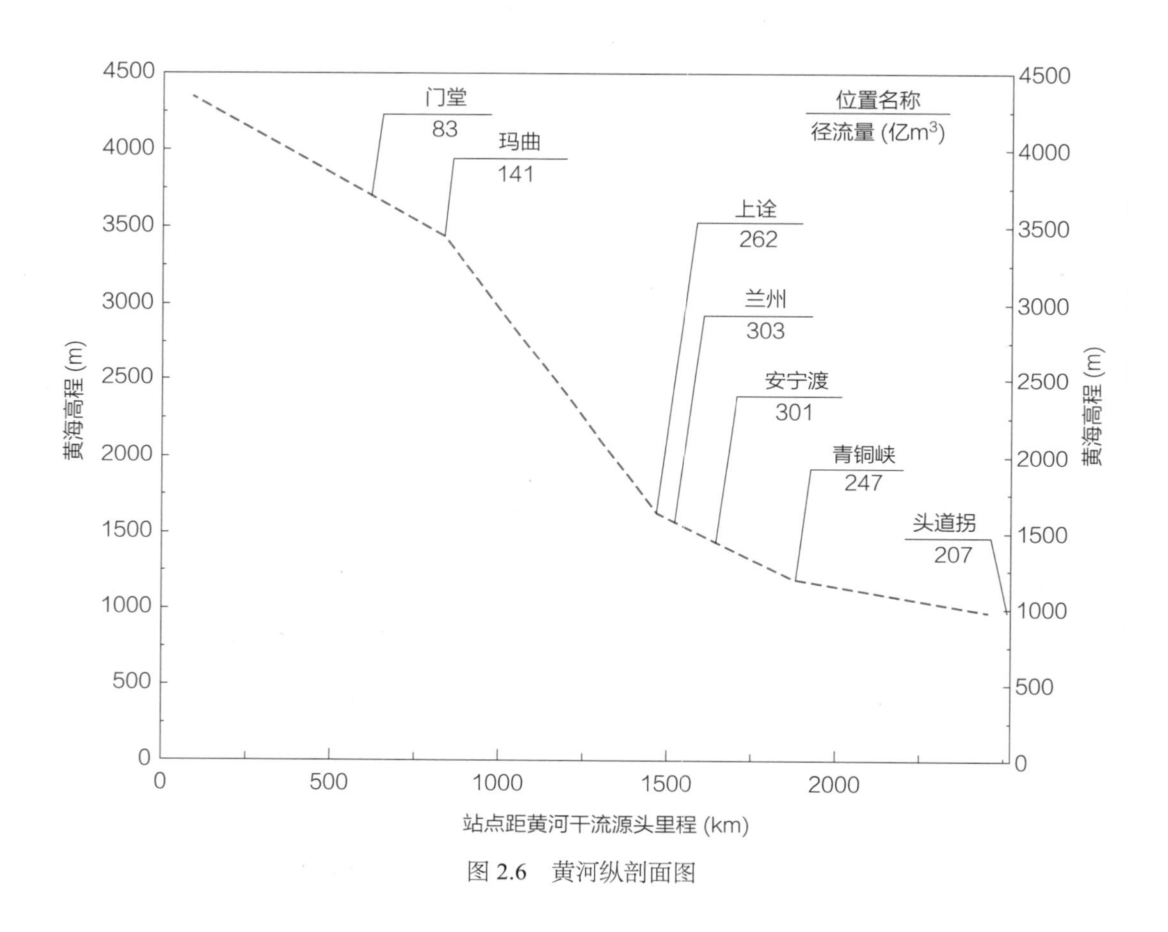

图 2.6 黄河纵剖面图

黄河径流年内分配不均，上游汛期（7—10 月）径流量占全年总量的 40%～60%。各水文站多年平均径流量如表 2.8 所示。

表 2.8 黄河主要水文站水量统计表

站名	最大高程（m）	最小高程（m）	多年平均径流量（亿 m^3）
门堂	3642	3629	83
玛曲	3418	3404	141
上诠	1583	1569	262
兰州	1519	1505	303
安宁渡	1398	1385	301
青铜峡	1129	1140	247
头道拐	993	983	207

黄河是世界上著名的多沙河流，水量主要来源于上游兰州以上，沙量主要来源于中游黄土高原地区。

黄河上游水能资源较丰富，已建、在建水电站包括玛尔挡、羊曲、龙羊峡、拉西瓦、李家峡、公伯峡、刘家峡等。

刘家峡水电站竣工于 1974 年，是第一个五年计划期间我国自行设计、施工、建造的大型水电工程，兼有发电、防洪、灌溉、养殖、航运、旅游等多种功能。

黄河上游部分已建、在建电站的主要技术指标如表 2.9 所示。

表 2.9 黄河上游已建、在建电站主要技术指标

项目	黄河干流研究河段					
梯级名称	玛尔挡	羊曲	龙羊峡	拉西瓦	李家峡	刘家峡
坝址位置	玛沁县	兴海县	共和县	贵德县	尖扎县	永靖县
正常蓄水位（m）	3160	2680	2600	2452	2180	1735
调节库容（亿 m^3）	0.5	1.18	193.5	1.5	0.58	41.5

2.2.2 基础数据及处理

本研究收集了研究区域内卫星影像、数字高程模型、行政区划、交通路网等地理信息数据，收集了区域内水文、地质、生态等调水专题数据，能源资源分布、新能源项目分布、电网网架等能源数据。收集区域主要包括西藏、青海、新疆、西藏、四川、甘肃、云南、内蒙古、宁夏等区域。具体收集及处理情况如下。

2.2.2.1 地理信息数据

1. 卫星遥感影像

卫星遥感影像通过卫星拍摄，利用遥感技术经过影像几何纠正、融合、匀色、镶嵌等处理得到，可真实反映地表的地物分布情况。本研究收集的卫星影像是资源三号卫星高分辨率影像，数据分辨率为 2.5m，img 格式，WGS1984 坐标系，如图 2.7 所示。

图 2.7 卫星遥感影像

2. 数字高程模型（DEM）

DEM 是用一组有序数值阵列形式表示地面高程的一种实体地面模型，可直观反映地形信息，是调水路径研究的重要基础数据。本研究收集的 DEM 数据来自日本发射的地观测卫星 ALOS 的全色遥感立体测绘仪传感器，空间分辨率 12.5m，Geotiff 格式，WGS1984 坐标系，如图 2.8 所示。

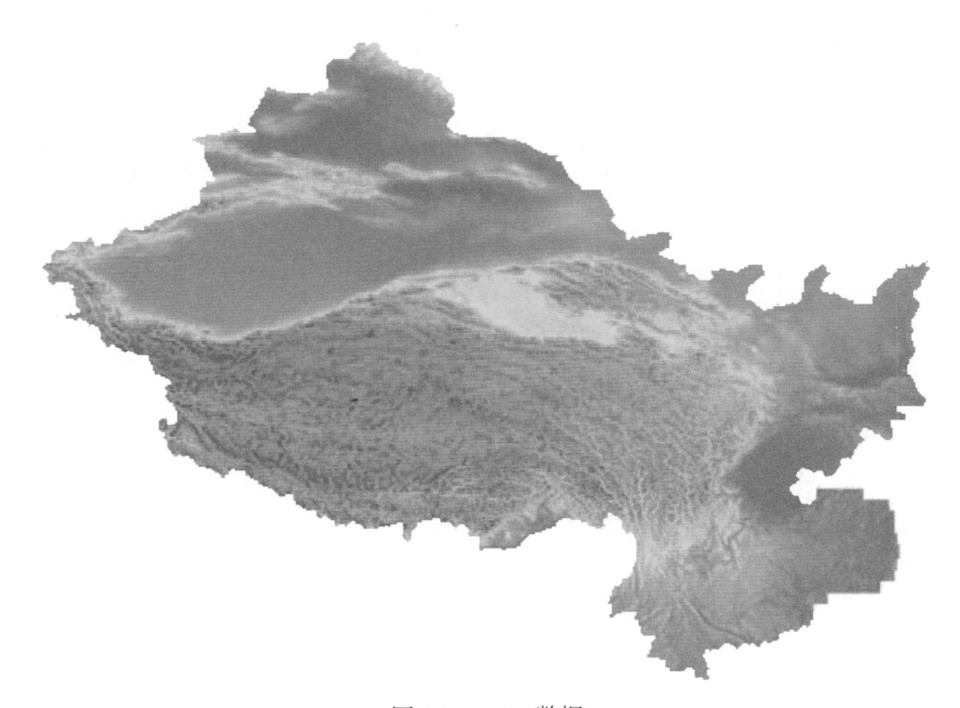

图 2.8 DEM 数据

3. 行政区划、机场码头

本研究收集的行政区划、机场码头数据（见图 2.9）来自 Natural Earth 公开地图数据集。行政区划数据包括研究区域的省县级行政界线、各级地名等信息，比例尺 1:400 万，数据为 shp 格式，WGS1984 坐标系。机场码头数据包括机场和码头的位置、名称等信息。

4. 交通路网

本研究收集的交通路网数据（见图 2.9）来源于全球道路开放访问数据集（Global Roads Open Access Data Set），包括铁路及各等级公路（国道、省道、高速等）。

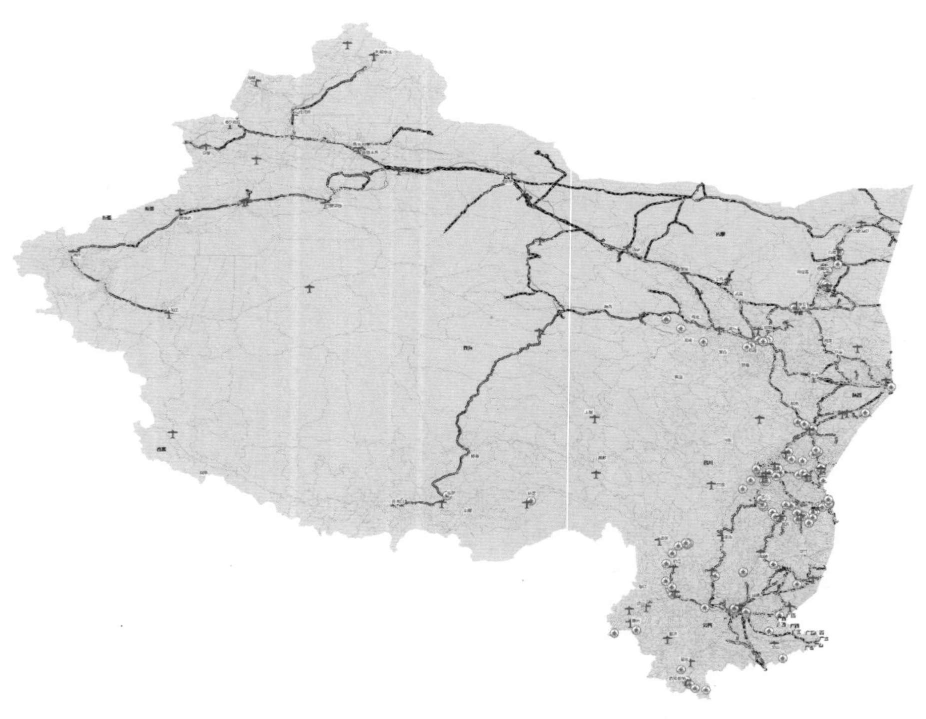

图 2.9　行政区划、交通路网、机场码头数据

2.2.2.2　河流专题数据

1. 河流水系、水库

本研究收集的河流水系数据（见图 2.10）来自 Natural Earth 公开地图数据集。

水库信息来源于全球水库大坝数据库（Global Reservoir and Dam，GRanD），共包含 6862 个水库及其相关大坝的记录，包括水库的面积，大坝和所在河流的名称、主要用途、最近的城市、施工年份（或试运行年份）等。

2. 主要水文站数据

选取主要河流三级区的出口断面处的水文站，包括各河流水文站点位置、名称及径流量等信息。水文站数据来源于《中华人民共和国水文年鉴》。

3. 地质岩层数据

地质数据（见图 2.11）来源于 Global Faults layer from Arc Atlas （ESRI）和 Arc Atlas（ESRI）全球断层。主要包括岩层、地质断层、褶皱和块状构造等信息。

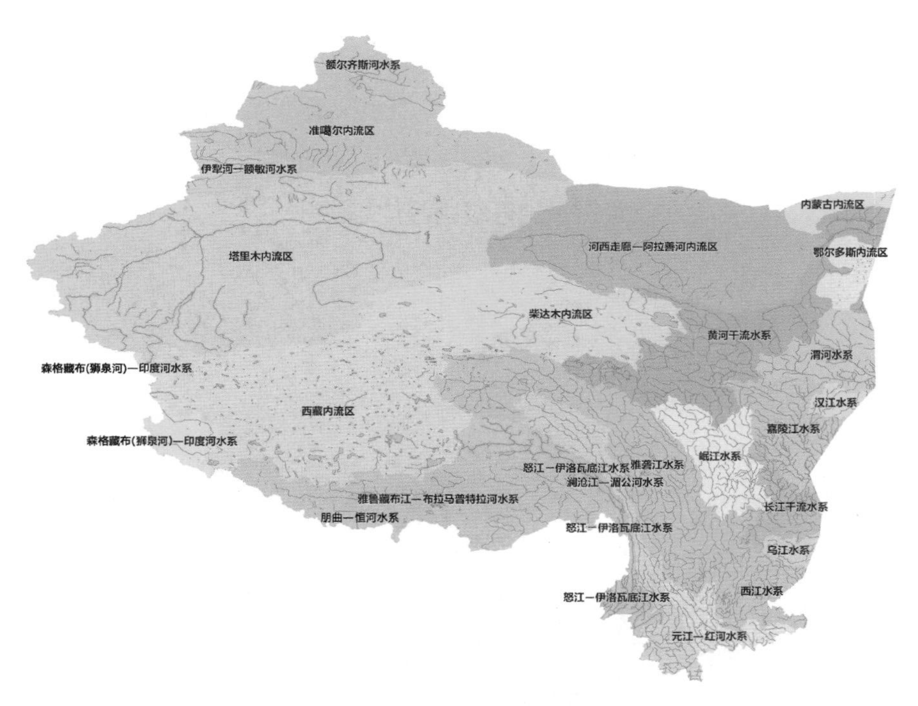

图 2.10 河流水系数据

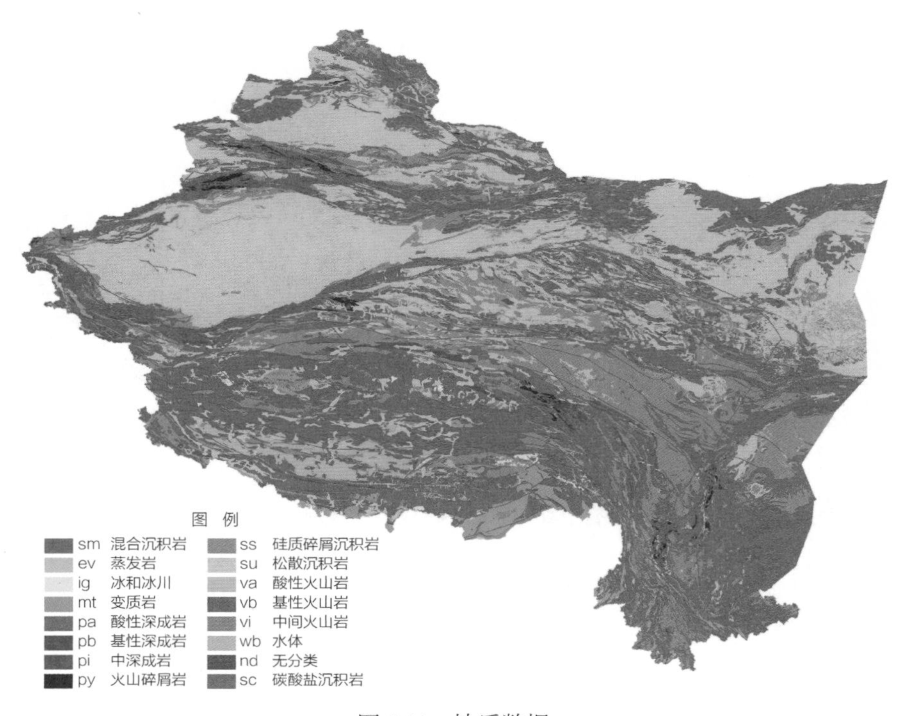

图 2.11 地质数据

4. 保护区分布

自然保护区数据（见图 2.12）来源于世界保护区数据库（The World Database on Protected Areas，WDPA）。包括自然生态系统类、自然资源类、自然遗迹类、野生生物类等多种保护区，以及所在位置、保护区级别等信息。

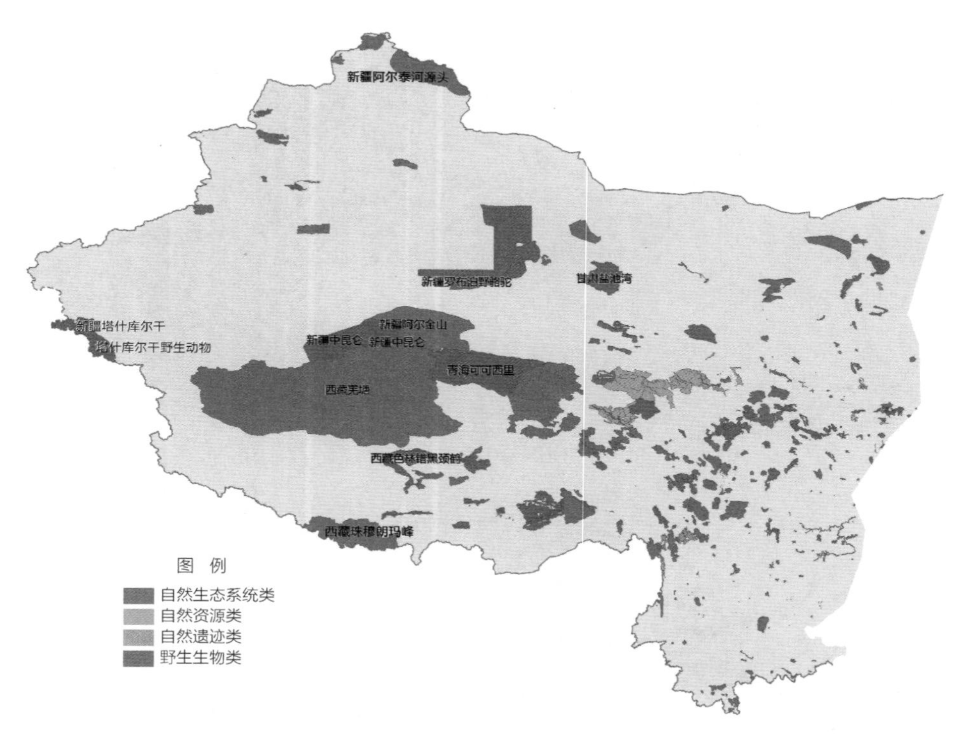

图 2.12　自然保护区数据

2.2.2.3　数据融合处理

收集的数据按类型可分为栅格数据和矢量数据，根据数据研究应用及展示的需求确定数据处理流程如下。

1. 栅格数据处理

栅格数据处理包括对卫星影像、DEM 数据及风光资源分布图的处理。需在 Global Mapper 及 ArcGIS 平台下进行影像拼接、投影变换、影像调色、建金字塔、切片入库等处理，形成坐标系统统一、可快速存储及调用的栅格数据成果。具体流程如图 2.13 所示。

2. 矢量数据处理

矢量数据处理包括对基础行政区划、交通路网、河流水系、自然保护区、电网分布等矢量数据的处理。该类数据处理需首先对各矢量层投影进行转换，规范各矢量图层的属性字段，将所有图层规范命名后导入相应数据库。在平台中加载图层，并根据数据图层的内容及特点设计展示的符号、颜色、标注信息等。矢量数据处理流程如图 2.14 所示。

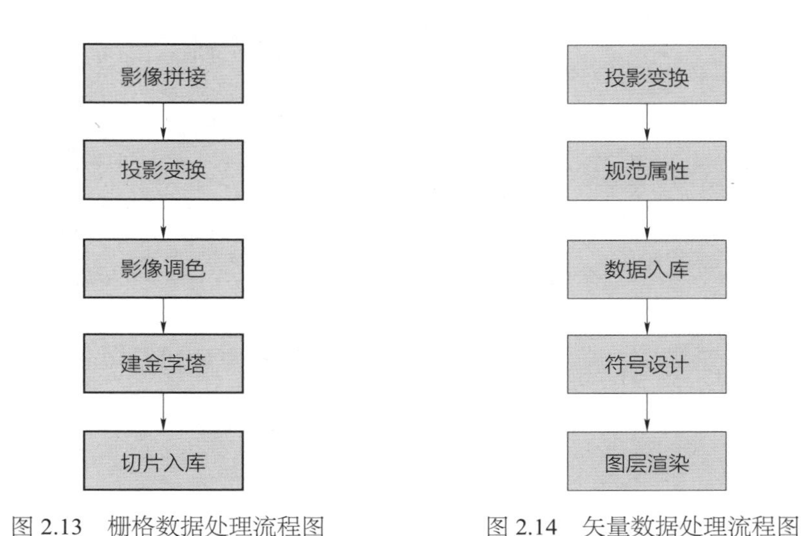

图 2.13 栅格数据处理流程图　　图 2.14 矢量数据处理流程图

2.3 研　究　方　法

本研究基于新型抽水蓄能理念，在实现跨流域水资源调配的同时发挥调水工程为电力系统提供灵活调节能力。研究以卫星影像、数字高程模型、水文数据等数字化信息为基础，拟定取水点、入水点、新型抽蓄站址、调水工程路径等，形成工程方案，并开展了环境影响评价和综合效益分析。如图 2.15 所示，研究的主要步骤如下。

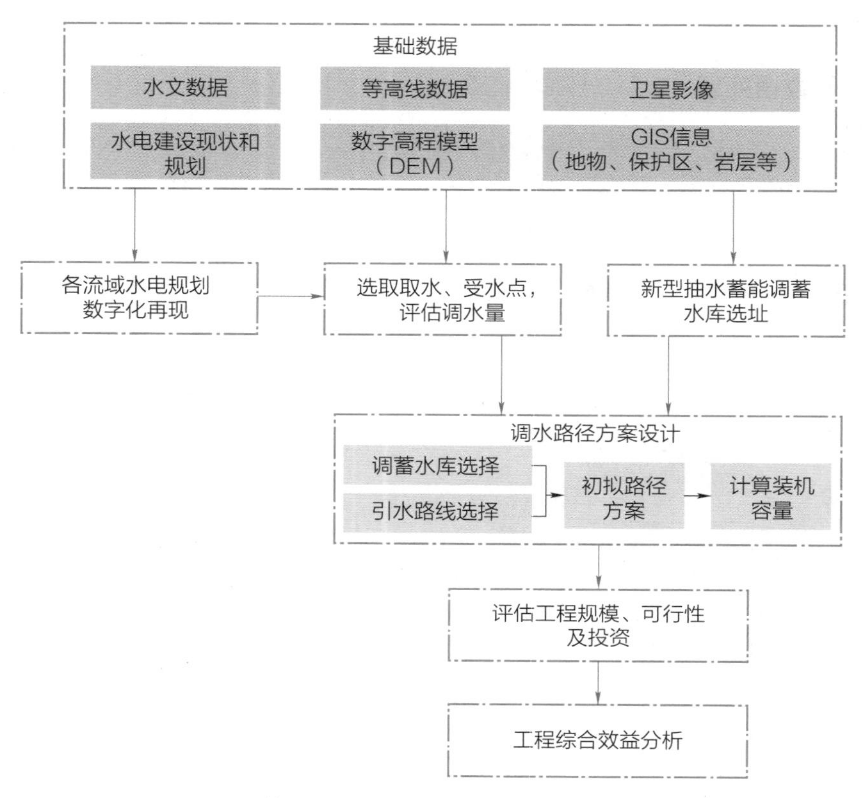

图 2.15　基于新型抽水蓄能的跨流域调水研究框架

（1）基础数据收集整理。收集西南西北相关地区的卫星影像、等高线数据、数字高程模型（DEM）数据以及地物、保护区、岩层等地理信息。收集整理雅鲁藏布江、怒江、澜沧江、金沙江、雅砻江、大渡河、黄河等“五江二河”流域水文资料，以及水电建设现状和规划情况。

（2）相关流域河段水电数字化。调水方案必然需要考虑相关流域开发现状和未来开发方案，结合高精度数字高程模型数据和水文、地质、生态等数字信息，实现雅鲁藏布江、怒江、澜沧江、金沙江、雅砻江、大渡河、黄河等“五江二河”流域水电现状和规划的数字化，得到库区范围、集水面积、正常蓄水位、库容等参数。❶

❶ 全球能源互联网发展合作组织. 全球清洁能源开发与投资研究[M]. 北京：中国电力出版社，2020。

（3）根据水文情况、水电开发情况，选取取水点、受水点，评估调水量。根据西北地区和黄河流域水资源缺口，确定调水、受水河流和河段，结合相关流域水电开发现状和规划，选取取水点和受水点。收集“五江二河”流域上游河段相关水文站信息，整理多年平均流量、流量季节变化特性等数据，充分考虑调出区生活、生产和生态用水的合理需要，按尽可能减少对调水河流影响的原则，分析可调水量。结合受水区需求、水源工程条件，评估调水量。

（4）分析适宜开发新型抽水蓄能的站址条件，确定新型抽水蓄能选址。根据高精度数字高程模型数据和高分辨影像数据，以及保护区、地质、生态等信息，初选跨流域段适宜开发新型抽蓄的站址。结合取水点、受水点位置，按照抽水蓄能工程对水头、距高比、厂房尺寸等开发条件的要求，确定新型抽水蓄能库区和站址。

（5）形成西南到西北跨流域基于新型抽水蓄能的调水工程路径。在取水点、受水点及新型抽水蓄能选址的基础上，考虑工程区地形地质条件、工程技术条件和工程规模等因素，采取“灵活分散”的原则设计调水路径方案，在每个跨流域段选择多个路径进行分散调水，形成自“五江一河”流域至黄河和西北地区的基于新型抽水蓄能的调水工程路径。建立新型抽水蓄能装机优化模型，测算每条路径抽水机组、发电机组的装机。

（6）评估工程规模、可行性及投资。统计调水工程所需的隧洞、压力管道、明渠等设施的规模，以及抽水蓄能、发电装机，参考现有工程经验，评估工程方案可行性。结合相关调水工程、抽水蓄能工程的单项造价，测算工程方案投资。

（7）工程综合效益评估。按照“工程建设+跨流域调水+抽水蓄能调节”一体化综合效益评估基础数据与方法。

2.3.1 流域梯级数字化方法

水电数字化流程主要包括提取数字化河网、选取规划河段、分析限制性因素、拟定电站布置、计算主要参数指标、绘制规划成果图表等主要步骤，流程示意如图 2.16 所示。

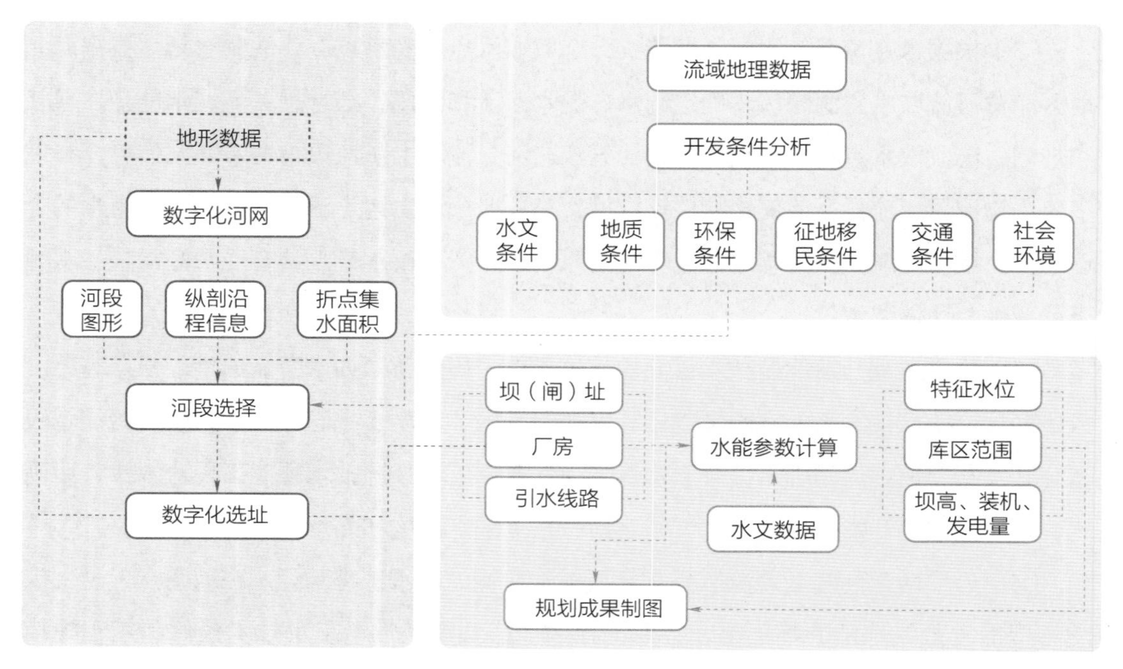

图 2.16　水电数字化流程图

开展河流水电选址研究，首先需要充分了解河流开发条件、水能资源利用现状，结合流域地形数据和水文资料，完成数字化河网提取；其次分析河段径流特性和水能资源条件，考虑区域地质条件、活动断层和断裂带分布、河流径流等水文特征，选取适宜建坝的河段；然后结合岩层分布、地面覆盖物、保护区等限制性因素分析，选取没有或较少限制性因素、地质条件较好的河段进行梯级布置，提出河段开发方案，初选梯级坝址位置；最后开展水文与动能参数分析，计算电站装机容量、年均发电量等技术指标，估算梯级开发方案的投资水平，绘制、输出相关规划图和技术经济指标表。

（1）提取数字化河网。提取河流水系的数字化河网，需要利用高精度的数字高程模型数据，通过填洼预处理、流向分析、累积流量计算、河道识别、河网提取等五个步骤，自动识别并提取具有河道图形与河段水能属性信息的数字化河网数据。

（2）选取规划河段。结合区域地质条件、活动断层和断裂带分布，选取适宜建坝的河段，再综合分析河流的落差、比降、径流量等数据，选取单位河长水能蕴藏量大的河段作为水电开发的目标河段。

（3）分析限制性因素。综合分析站址周边的地质条件、岩层属性、自然保护区和地面覆盖物分布、已建水电工程等影响因素，考虑限制性因素与待选址区域的空间位置与拓扑关系，分析河段的开发条件。

（4）拟定电站布置。等高线[1]是水电数字化选址研究中初选梯级坝址位置的重要依据，其分布可显示出地表高程值的变化情况，等高线间距越大，代表地形越平坦，间距越小代表地形越陡峭，可以据此判断河谷的形态、河道的宽窄、水库淹没的范围等。

开展电站布置时，结合从地理高程数据中提取的河道两岸等高线分布，综合卫星影像，初步选定待开发河段中的适宜建坝的地点。一般的，从建坝的经济性方面考虑，通常选取河谷较窄处作为梯级坝址位置，通过绘制坝址、厂房、引水线路等水电站组成信息，生成水电站库区范围，获得水电站的梯级布置方案。

（5）计算主要参数指标和绘制成果图表。计算水位库容曲线、电站运行方式、装机容量、发电量等主要参数指标。绘制规划选址的“2 图 1 表”成果，即河段梯级开发方案平面图，河段梯级开发方案纵剖面图，梯级开发方案技术经济指标表。

2.3.2 新型抽水蓄能选址方法

1. 选址原则

（1）选在与调水的路线大致方向保持一致、靠近水源、水量充沛的地方，可以满足在丰水期多取水、枯水期少取水，减少对下游主要水电站的影响。利用现有水库时注意水资源的综合利用。

（2）选择地形条件好，优选湖泊、河道、三面环山等地形位置，具有一定水头 200～600m、距高比小于 10 的站址、坝长尽量在 2000m 以内，以降低土建工程量，提高工程经济性。

（3）加强前期地质分析，尤其是对上水库防渗及覆盖层厚度等条件的分析。

（4）尽量避开村庄、耕地、供水水源等重要地点和设施，以减少水库的淹没损失。

（5）注重对环境的影响。

（6）考虑新能源布局、电网建设发展规划等因素。

[1] 等高线指的是地形上高程相等的相邻各点所连成的闭合曲线。

2. 技术步骤

进行抽水蓄能站址的普选。首先以 DEM 高程数据为基础，生成 1:50000 地形图。在 1:50000 地形图上，按照预先设计的调水路径大致方向，寻找适宜成库的地形，形成初步的候选站点。在候选点的范围内，搜索满足坝高、坝长等多因子条件约束的站点方案。

对每一个普选站点，计算在不同的坝高条件下的库容和淹没范围，与已有的村庄、农田、交通枢纽、交通线路、自然保护区、风景名胜等数据进行叠加分析，对淹没对象数量、长度、面积、库容等作出综合评价，得出优选的坝高，形成候选站点方案。新型抽水蓄能选址技术路线如图 2.17 所示。

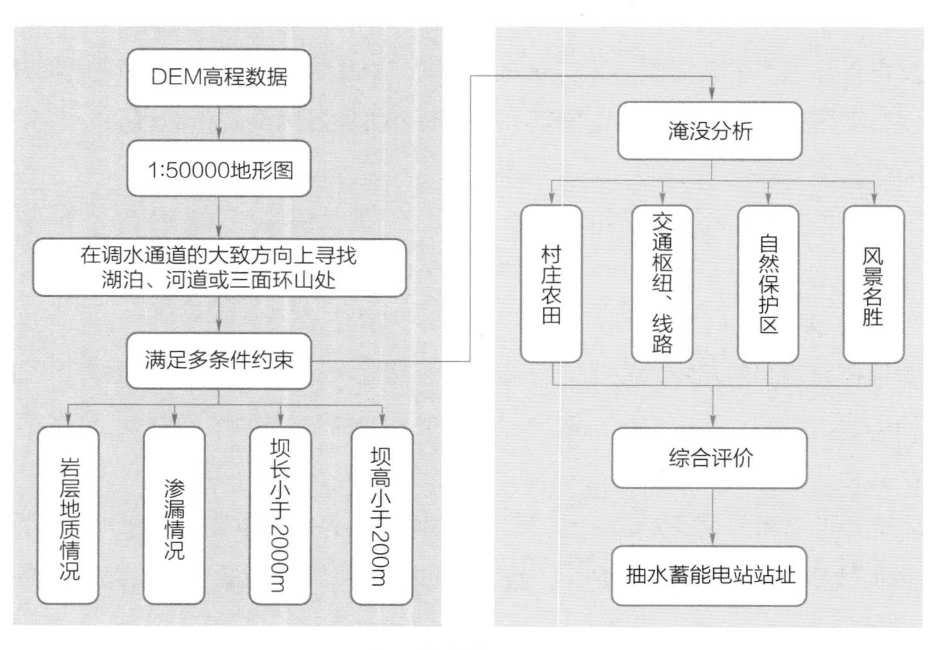

图 2.17 新型抽水蓄能选址技术路线

2.3.3 调水路径优选方法

1. 优选原则

（1）取水起点选在靠近水源、水量充沛的地方，在丰水期多取水、枯水期少取水，减少对下游主要水电站的影响。

（2）缩短路径长度：在符合调水大致方向的基础上，尽可能缩短调水路径长度。

（3）避让自然风景区、保护区及规划区：调水路径应尽量避开自然风景区、保护区及规划区，以减少对当地生态的影响，实现和谐发展。

（4）考虑新能源和电网布局：靠近风、光等新能源资源富集区、已建及规划电源和电网，便于就近进行调节和利用电力。

（5）避免大规模跨越房屋：调水路径优选时，尽量避开村庄和房屋密集区，尽量避免大规模拆迁房屋。

（6）保护林木、减少砍伐：调水路径应尽量避开树木密集的林区、经济作物区，注意避让经济林、果树林、林场。

（7）考虑交通条件：尽量靠近现有国道、省道、县道以及乡镇公路，充分利用现有的交通条件，以方便施工和运行。

（8）考虑地质因素：尽量避开不良地质地带和采动影响区。

2. 技术步骤

确定初始调水起点。然后在普选得到的新型抽水蓄能站点、已有或规划的水利工程基础上，根据地形图和初始起点，搜索起点附近的抽水蓄能站点。

计算起点与抽水蓄能站点之间的高差。若高差小于 0，则表明是提水段，在满足高差和距高比等要求的前提下，可规划压力管道路径，并在起点处设置抽水蓄能机组，进行抽水提水。若高差大于 0，则表明是下坡段，则寻找一条以起点位置开始、以抽蓄站点附近位置终止的等高线，可按一定下降坡度，规划自流的明渠、暗渠、U 形管道等路径，并在靠近抽水蓄能站点的附近位置设置径流式发电机组，充分利用水头发电。调水路径优选技术路线如图 2.18 所示。

2.3.4 装机容量优化方法

随着能源系统清洁转型，能源生产将转向清洁主导，以风电、光伏等清洁能源发电为主力的清洁电力系统将逐步取代化石能源为主的高碳排放电力系统，碳中和目标下至 2050 年我国清洁能源装机容量将达 69 亿 kW。由于清洁能源发电具有随机性和波动性，提升电力系统灵活性是消纳大规模清洁能源、保证系统安全稳定和经济运行的关键。

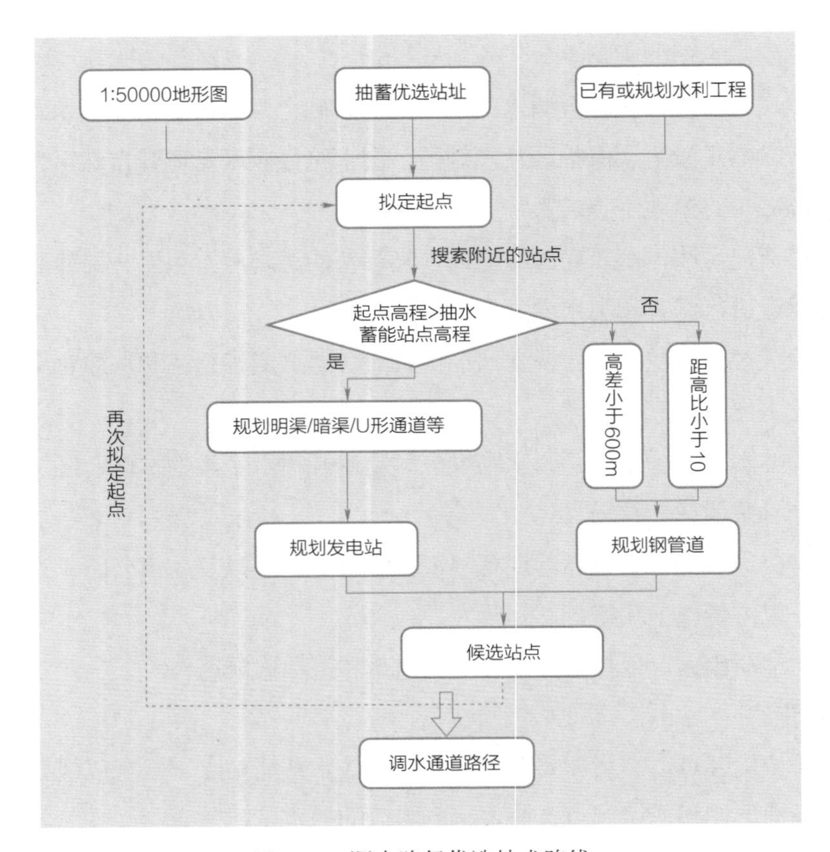

图 2.18　调水路径优选技术路线

新型抽水蓄能作为一种特殊的储能系统，可根据清洁能源发电的波动性和来水的时空分布特性统筹优化电能和水势能的转换，将成为重要的灵活性资源。本研究针对新型抽水蓄能这一特殊的灵活性资源进行建模，量化分析运行特性和运行约束，针对新型抽水蓄能与风、光发电的互动进行统筹优化。

2.3.4.1　数学模型

1. 清洁能源模型

对以风电和光伏为代表的清洁能源建模，在日运行模拟中允许弃风和弃光，允许系统在灵活调节能力不足时切除部分可再生能源出力。则数学表达为

$$P_{w,t}^{\mathrm{W}}+P_{w,t}^{\mathrm{W,Cur}}=\omega_{w,t}^{\mathrm{W}}Cap_{w}^{\mathrm{W}},\forall w,t \tag{2-1}$$

$$P_{w,t}^{\mathrm{W}}, P_{w,t}^{\mathrm{W,Cur}} \geqslant 0, \forall w, t \tag{2-2}$$

式中：w表示清洁能源机组；$P_{w,t}^{\mathrm{W}}$、$P_{w,t}^{\mathrm{W,Cur}}$分别表示清洁能源的出力与弃电功率；$\omega_{w,t}^{\mathrm{W}}$表示风光机组$w$在$t$时刻出力比例；$Cap_{w}^{\mathrm{W}}$表示清洁能源机组的装机容量。

2. 新型抽水蓄能模型

将抽水过程建模为一个灵活的用电负荷。对于单个抽水机组，应用最小和最大输出以及最小运行时间约束，同时对所有机组进行聚类以模拟整个运行条件。式（2-3）说明提水增加的重力势能等于消耗的电能乘以综合能量转换效率；式（2-4）表明机组提水过程中，功率负载在任何时候都不会超过其总容量；式（2-5）表明装机容量与利用率之间的关系

$$M_{t'}^{\mathrm{elevate}} = \left(\eta^{\mathrm{pump}} \sum^{t'} P_{t}^{\mathrm{pump}} \right) \Big/ (g \times H_{\mathrm{p}}) \forall t, t' \tag{2-3}$$

$$0 \leqslant P_{t}^{\mathrm{pump}} \leqslant Cap^{\mathrm{pump}}, \forall t \tag{2-4}$$

$$Cap^{\mathrm{pump}} = M_{t}^{\mathrm{elevate}} \times g \times H_{\mathrm{p}} / \eta^{\mathrm{pump}} / F^{\mathrm{pump}} \tag{2-5}$$

$$M_{t'}^{\mathrm{fall}} = \left(\sum^{t'} P_{t}^{\mathrm{gen}} / \eta^{\mathrm{gen}} \right) \Big/ (g \times H_{\mathrm{g}}) \forall t, t' \tag{2-6}$$

$$0 \leqslant P_{t}^{\mathrm{gen}} \leqslant Cap^{\mathrm{gen}}, \forall t \tag{2-7}$$

$$Cap^{\mathrm{gen}} = M^{\mathrm{fall}} \times g \times H_{\mathrm{g}} \times \eta^{\mathrm{gen}} / F^{\mathrm{gen}} \tag{2-8}$$

式中：$M_{t'}^{\mathrm{elevate}}$表示在时间段$t'$内提升水的质量；$P_{t}^{\mathrm{pump}}$表示在$t$时刻的提水负荷；$\eta^{\mathrm{pump}}$表示提水效率；$g$表示重力加速度；$H_{\mathrm{p}}$表示扬程；$F^{\mathrm{pump}}$表示提水机组利用率。

水力发电过程反向同理。

参照国内外大型水利水电工程情况，设定提水效率为0.85，水力发电效率为0.95。

3. 水库及输水模型

新型抽水蓄能的调节水库蓄水和输水建模符合最大蓄水、输水能力以及水平衡的约束。蓄水能力取决于水库的规模，主要受地形条件影响。输水能力，即引水工程最大流量，二者可在最大蓄水和输水能力约束下，结合风光水特性优化。式（2-9）表示相邻时刻的水平衡，式（2-10）表示任意时刻水库蓄水量不超过其最大容量，式（2-11）和式（2-12）表示水库r的进水量和出水量未超过水库最大调节库容

$$M_{r,t'}^{R} - M_{r,t'-1}^{R} = Tr_{r,t'}^{R,\mathrm{in}} - Tr_{r,t'}^{R,\mathrm{out}}, \forall r, t' \tag{2-9}$$

$$0 \leqslant M_{r,t'}^{R} \leqslant T_{r}^{R} Tr_{r}^{R,\mathrm{out,max}}, \forall r, t' \tag{2-10}$$

$$0 \leqslant Tr_{r,t'}^{R,\mathrm{in}} \leqslant Tr_r^{R,\mathrm{in,max}}, \forall r,t' \tag{2-11}$$

$$0 \leqslant Tr_{r,t'}^{R,\mathrm{out}} \leqslant Tr_r^{R,\mathrm{out,max}}, \forall r,t' \tag{2-12}$$

式中：$Tr_{t'}^{R,\mathrm{in}}$ 和 $Tr_{t'}^{R,\mathrm{out}}$ 分别表示 t' 时刻流入和流出的水量。

4. 优化目标

基于新型抽水蓄能、清洁能源模型建立包含电力和水的联合优化模型 GTSEP-W。模型以系统总成本最低为目标，针对抽水蓄能机组、发电机组的利用率和装机以及水库之间的流量大小进行优化，对应的数学表达如下

$$\begin{aligned}&\arg\min f(Cap_w^{\mathrm{W}}, Cap^{\mathrm{Pump}}, Tr_r^{R,\max}, Cap^{\mathrm{gen}})\\&=\sum_{w=1}^{N_{\mathrm{W}}} IC_w^{\mathrm{W}} Cap_w^{\mathrm{W}} + \sum_{r=1}^{N_R} IC_r^R Tr_r^{R,\max} + IC^{\mathrm{Pump}} Cap^{\mathrm{Pump}} + IC^{\mathrm{gen}} Cap^{\mathrm{gen}} + C_{\mathrm{sys}}^{\mathrm{oper}}\\&\text{s.t.}\quad \text{运行模拟约束集式（2-1）～式（2-2）}\end{aligned} \tag{2-13}$$

式中：IC_w^{W} 表示风电、光伏的单位投资成本；IC_r^R 表示包括压力管道、隧洞、明渠等在内的引水工程单位成本；IC^{gen} 和 IC^{pump} 分别表示水力发电机组和抽水机组的单位投资。GTSEP-W 模型由 Cplex 求解器求解。

2.3.4.2 边界条件

1. 清洁能源发电

根据风光资源分布的实际情况，在西部地区选取典型区域的风电和光伏出力特性（见图 2.19）为：光伏利用小时 1800h，风电利用小时 2500h。根据《中国 2060 年前碳

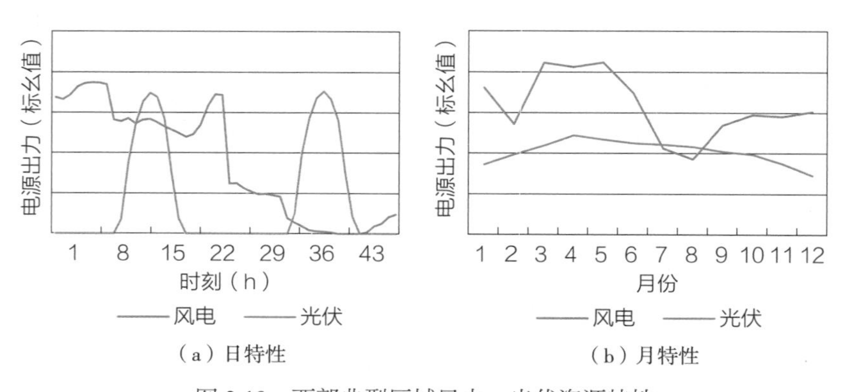

图 2.19 西部典型区域风电、光伏资源特性

中和研究报告》的成果，拟定光伏和风电装机容量比为 2:1。

2. 负荷特性

参照实际情况建立西部地区用电需求，时间尺度为小时级，如图 2.20 所示。

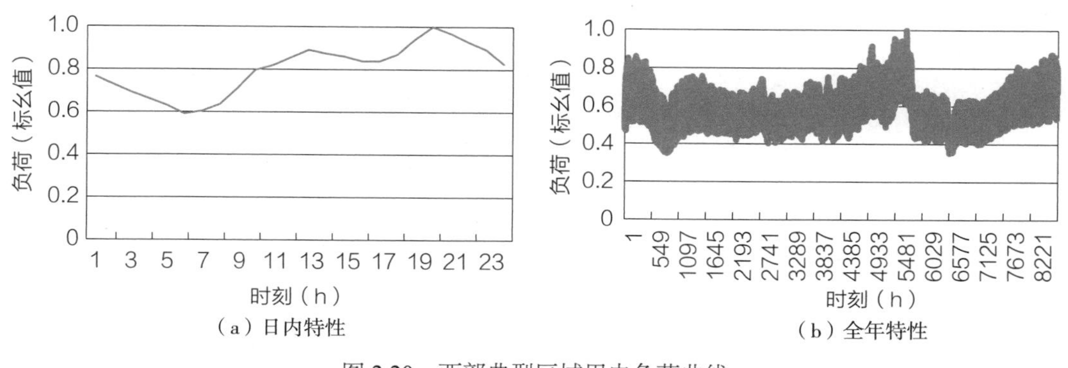

（a）日内特性　（b）全年特性

图 2.20　西部典型区域用电负荷曲线

3. 成本预测

根据全球能源互联网发展合作组织的研究成果，至 2050 年基地化开发的风电、光伏初投资成本分别降至 3600 元/kW 和 1500 元/kW。未来抽水蓄能成本预计变化不大，抽水蓄能电站建设成本按 6000 元/kW 计。水力发电站建设成本按 2000 元/kW 计（不含水库）。

2.4 小　　结

本章建立了一套基于新型抽水蓄能的跨流域调水方案全数字化研究新方法。研究范围覆盖中国西南地区和西北地区，研究过程中获取了“五江二河”的数字化河网、水文等基本信息，收集、整理、整合了研究范围内的卫星影像、数字高程、交通基础设施、地质地层、断层及地震分布、保护区分布等基础数据。研究方法方面，以数字高程模型为基础，综合考虑各项技术指标、各类限制性因素，优选新型抽水蓄能站址；以地形条件等数字化信息为基础，结合已有或规划的水电工程、新型抽水蓄能站址，在多个海拔上统筹优化自流调水路径；以风光新能源特性、供水需求和供电需求等为约束条件，优化提水段和放水段利用率，合理确定引水工程规模和装机容量。

3

西部调水方案研究

新中国成立以来，社会各界对从西南到西北的跨流域调水开展了广泛研究，但这些方案往往依赖大量深埋长隧洞，工程建设难度大。基于新型抽水蓄能理念，本章完成了自西南“五江一河”至西北黄河上游、河西走廊和新疆的西部调水新方案。根据各流域干支流水文和地势条件，方案充分利用已建和规划水电，分散设计跨流域调水通道。方案以新能源为动力来源，克服海拔高差实现水资源跨流域调配，兼顾西部水资源优化配置和新能源开发消纳。

3.1 调水通道总体规划

3.1.1 取水点与调水规模

基于新型抽水蓄能的调水工程宜采取“灵活分散”的原则设计路径方案，即同一方向上选择多个路径进行分散调水。“五江二河”上游地区海拔较高，地质条件复杂，施工难度大，且采取单一通道调水有工程规模过大的问题。以单一通道调水年调水量400亿m^3为例：引水通道方面，考虑到河流丰枯期及新能源发电的间歇性，调水通道最大流量将接近3000m^3/s，按流速1.5m/s计，山间明渠宽度将超过200m（深10m），隧洞直径近60m，目前尚无相关工程经验；抽水蓄能装机方面，以单段提水700m为例，抽水蓄能装机容量将达到2000万kW，地下厂房尺寸预计达2500m×55m×25m，无工程经验。因此，在“五江二河”各跨越段均适宜布置多条路径进行跨流域调水，每条路径的年调水量控制在30亿～70亿m^3。

调水量方面，水源河流“五江一河”上游河段生态地位特殊、生态环境脆弱，调水应首先考虑保护调水河段及下游河段的生态系统结构与功能，维系良好生态。结合研究定位和计算要求，本研究参考Tennant法作为生态水量计算的主要原则。Tennant法是依据国内外长期观测建立的流量与河流生态环境状况之间的经验关系，根据水文资料和现场调查结果，以年平均径流量百分数来描述河道内流量状态，不同河道内生态环境状况对应的流量百分比如表3.1所示。当河道流量在平均流量的10%以下时，河流生态系统严重受损；当河道流量在平均流量30%～60%时，生态结构的稳定性明显增加；大于平均流量60%的河道流量则被认为是极为适合的生态径流量。

表 3.1　Tennant 法推荐流量表

不同流量百分比对应河道内生态环境状况	占同时段多年年均天然流量百分比（年内较枯时段）(%)	占同时段多年年均天然流量百分比（年内较丰时段）(%)
最大	200	200
最佳流量	60 ~ 100	60 ~ 100
极好	40	60
非常好	30	50
好	20	40
中	10	30
差	10	10
极差	0 ~ 10	0 ~ 10

参考 Tennant 法对生态水量的要求以及调水工程案例，本研究采取的调水量比例控制在该河段的 20% ~ 30%。具体到各个河流，雅鲁藏布江取水点在大拐弯及帕隆藏布、易贡藏布流域，年调水量 124 亿 m^3，占取水点多年平均流量的 20%，占雅鲁藏布江出境流量的 8.9%；怒江取水点在热玉梯级至卡西梯级之间，年调水量 76 亿 m^3，占取水点多年平均流量的 28%，占怒江出境流量的 12.7%；澜沧江取水点在卡贡梯级至里底梯级之间，年调水量 47 亿 m^3，占取水点多年平均流量的 20%，占澜沧江出境流量的 7.4%；金沙江取水点在西绒梯级至阿海梯级之间，年调水量 86 亿 m^3，占取水点多年平均流量的 20%；雅砻江取水点在仁青岭梯级至锦屏一级梯级之间，年调水量 42 亿 m^3，占取水点多年平均流量的 20%；大渡河取水点在下尔呷梯级至硬梁包梯级之间，年调水量 25 亿 m^3，占取水点多年平均流量的 16%。“五江一河”各流域年调水量及占取水点径流量比如表 3.2 所示。

表 3.2　“五江一河”各流域年调水量

流域	年调水量（亿 m^3）	取水点多年平均径流量（亿 m^3）	调水量占取水点径流量比	调水量占出境流量比
雅鲁藏布江	124	605	20%	8.9%
怒江	76	269	28%	12.7%
澜沧江	47	237	20%	7.4%

续表

流域	年调水量（亿 m^3）	取水点多年平均径流量（亿 m^3）	调水量占取水点径流量比	调水量占出境流量比
金沙江	86	427	20%	—
雅砻江	42	209	20%	—
大渡河	25	161	16%	—
总计	400	1908	21%	—

工程自“五江一河”取水，包含7个跨流域段和多个跨流域调水通道，跨越西藏、四川、青海、甘肃、新疆5省区，总调水量400亿 m^3，惠及黄河中上游及西北诸省区。工程总览如图3.1所示。

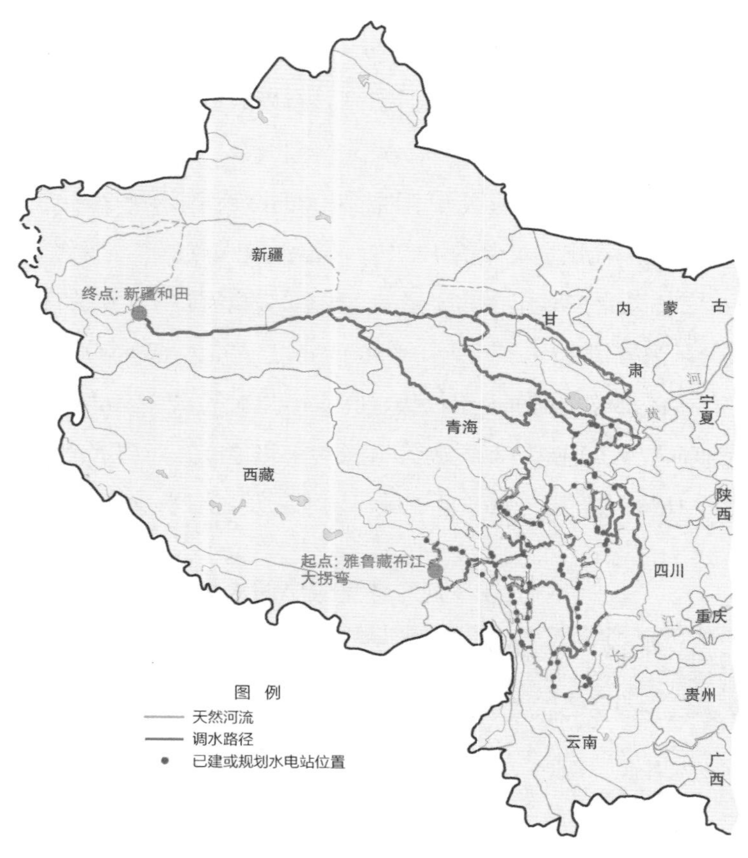

图3.1 调水通道总览

西部调水工程建设必然要考虑到与西南水能资源开发之间的相互影响，调水通道方案充分考虑了“五江二河”流域上游已建和规划水电的情况，已建、规划水库可作为每条调水通道的起点或终点。调水通道总览及其与干流主要水电的关系如图 3.2 所示。

3.1.2 工程利用率与装机

西部调水工程相当于为电力系统配备了巨型的储能设施。基于清洁能源发电的波动性和来水的时空分布特性统筹优化电能和水势能的转换，可按照实际需求实现电能及水资源在时空上的重新分配和调控。利用工程抽水和发电两侧共同提供的调节能力，平抑清洁能源发电的随机波动性，优化工程的用电与发电特性，可以保证系统输出持续稳定可调节的电力。

根据 2.3.4 的优化模型算法，选取方案中的 10 个通道分别进行测算，最优的平均提水工程利用率为 0.21 ~ 0.23，本研究按提水工程利用率 0.22 即抽水利用小时 1900h 测算整个西部调水工程的装机规模。为满足供电负荷要求和供水负荷要求，放水发电段的水力发电利用小时设定为 5500h（即利用率 0.63）。

3.2 雅鲁藏布江—怒江调水通道

3.2.1 总体布局

雅鲁藏布江是我国最长的高原河流，位于西藏自治区境内，也是世界上海拔最高的大河之一。发源于西藏西南部喜马拉雅山北麓的杰马央宗冰川，由西向东横贯西藏南部，绕过喜马拉雅山脉最东端的南迦巴瓦峰，形成了世界最深的雅鲁藏布大峡谷，在大拐弯处转向南流，经巴昔卡出中国境，出境流量约 1400 亿 m^3/年（波德克坝址流量数据）。

雅鲁藏布江在青藏高原径流主要来源于冰川融水，上、中游地区年降雨量 300 ~ 600mm，到大拐弯起始处径流量约 600 亿 m^3，尼洋河（年径流 220 亿 m^3）和帕隆藏布（年

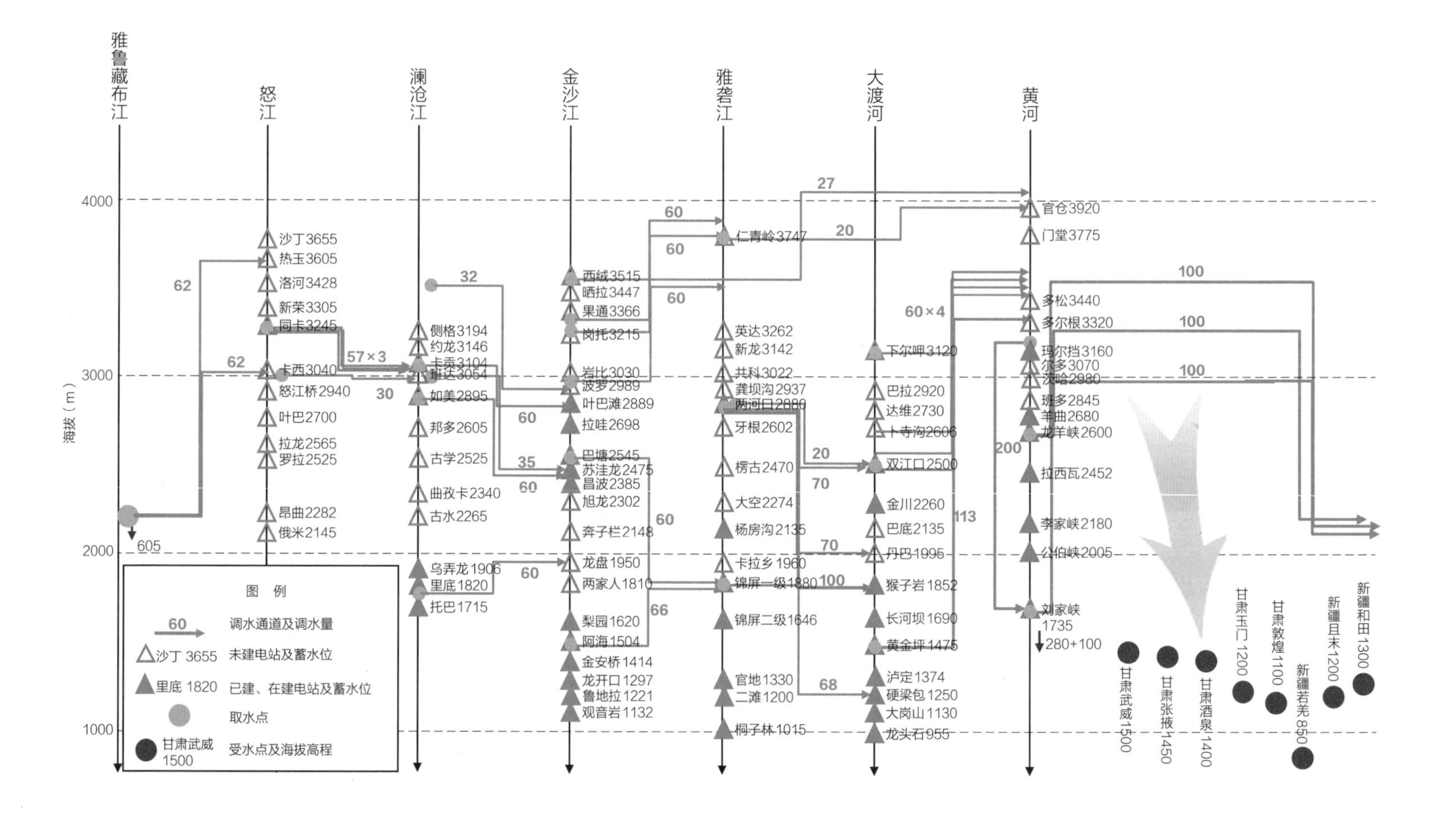

图 3.2 调水通道总览及其与干流主要水电的关系

径流 318 亿 m^3）2 条支流注入后干流水量开始增大，进入大拐弯地区后，得益于数千毫米的年降雨补给，雅鲁藏布江干流流量不断增大。因此，从雅鲁藏布江调水，从水量条件角度分析，取水点宜选择在其下游（米林至出境）或注入下游的大型支流。

从地理位置来看，在我国境内雅鲁藏布江基本沿喜马拉雅山脉北沿东西走向，在大拐弯处转向南流，雅鲁藏布江与怒江干流最近处（林芝市巴宜区扎曲村海拔约 1800m，昌都市洛隆县内喀村海拔约 3600m）相距 120km，海拔相差 1800m。从区域整体地势走向来看，受横断山脉影响，总体呈现南低北高和西低东高特点。考虑节省调水能耗，宜选择尽可能高的取水点、尽可能低的受水点。

根据前述研究，雅鲁藏布江至怒江跨流域调水规模为 124 亿 m^3，综合考虑单通道调水规模，考虑设计向北和向东 2 条通道。结合取水点的水量和高程条件、受水点的高程和 2 个流域分水岭近区地形地貌特点，考虑北通道（YN1）取水点为帕隆藏布最大支流易贡藏布的易贡湖，受水点为怒江干流的热玉水电站水库；东通道（YN2）取水点为帕隆藏布干流古乡湖，受水点为怒江干流卡西水电站水库。2 个通道及其取、受水点示意如图 3.3 所示。

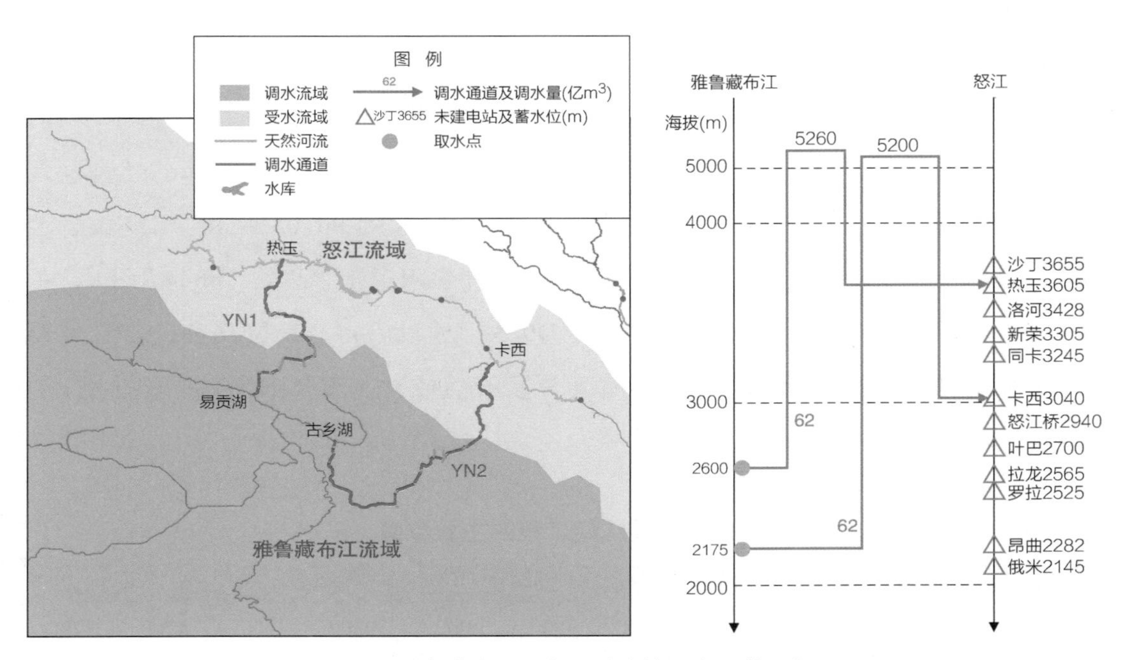

图 3.3 雅鲁藏布江—怒江跨流域调水通道示意

从调研情况来看，起点的雅鲁藏布大拐弯区域几乎全部被保护区覆盖，包括雅鲁藏布大峡谷、易贡国家地质公园保护区等（具体内容见 3.2.4）。因此，该跨流域段暂时不考虑保护区制约。

3.2.2 北通道方案（YN1）

从帕隆藏布支流易贡藏布的天然湖泊——易贡湖作为取水起点，海拔 2175m；受水点为规划建设的怒江干流热玉水电站，水库正常蓄水位 3605m。从取水点到受水点没有可以直接连通的等高线自流路径，因此，考虑建设多个梯级抽水电站，向北穿越雅鲁藏布江与怒江流域的分水岭（关星冰川，海拔 5260m）到达怒江流域，借助怒江支流两岸山势，选择合适高程建设 2 段自流明渠，在昌都县的加纳乡和委机嗡设置两个径流式高水头水力发电，充分利用提水产生的势能，雅鲁藏布江水调入怒江热玉水电站水库。

3.2.2.1 水库工程

全程共规划 9 个水库，总库容 33.26 亿 m^3。坝长最长 1601m，坝高最高 230m，最高的蓄水位在 4200m，最低的蓄水位 2650m，终点比起点提升 1810m，水库间最大落差 650m。其中，D5 位于麻果隆藏布主河道上，库容 90705 万 m^3，D7 位于苦打隆巴峰下，库容 109253 万 m^3，D9 位于东拉曲主河道上，库容 78644 万 m^3，是主要调蓄水库，其他为调水的中继水库。D9 水库建设后将淹没拉孜乡，S303 需要部分改道。从卫星影像判断，部分水库可拦蓄天然径流，来水补给条件好。水库的主要技术指标如表 3.3 所示。

表 3.3　　YN1 通道水库工程的主要参数

项目	D1	D2	D3	D4	D5	D6	D7	D8	D9
蓄水位（m）	2650	3300	2900	3500	4000	3950	4200	4700	4200
坝长（m）	247	766	1049	947	1557	395	1596	862	1601

续表

项目	D1	D2	D3	D4	D5	D6	D7	D8	D9
坝高（m）	120	130	65	150	120	120	230	59	196
库容（万 m^3）	1919	2762	18568	14306	90705	9051	109253	7123	78644

主要调蓄水库方案三维地形如图 3.4 所示。

（a）D1 水库

（b）D5 水库

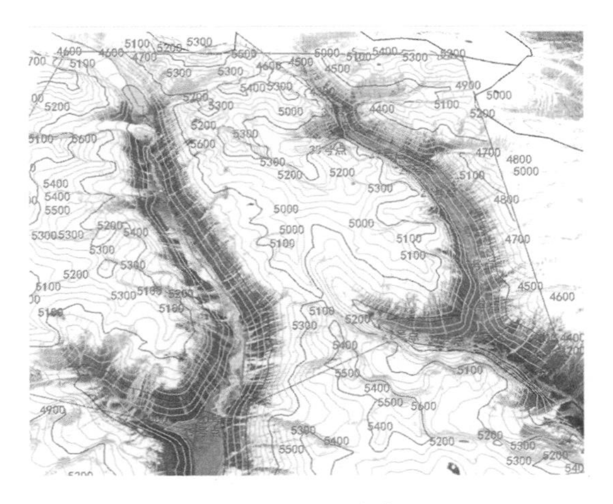

（c）D7 和 D8 水库

图 3.4　YN1 通道主要调蓄水库的三维地形示意

3.2.2.2 引水工程

该跨越段累计线路长度（含水库）约 180km，其中建设隧洞 41.6km，压力管道 26.3km，明渠 67.2km。工程由 3 段提水段、3 段自流及发电段组成，包括沿 4650、4150m 等高线的两段自流明渠，长度分别是 22.3、44.9km，并有 10 处建设 U 形钢管道跨越河谷。

引水工程路径地理位置和纵剖面示意如图 3.5 和图 3.6 所示。

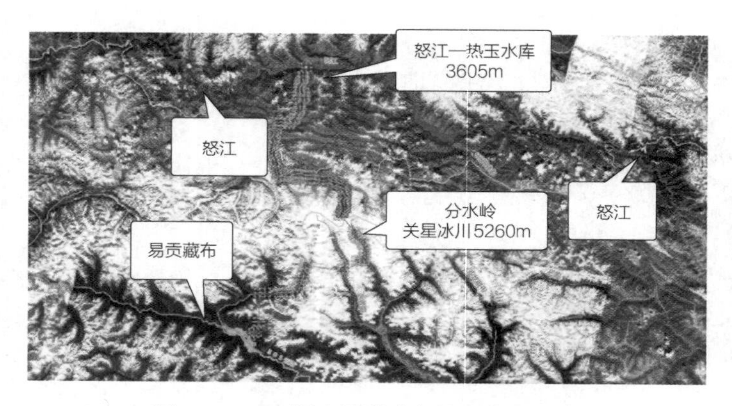

图 3.5 YN1 调水通道路径地理位置示意

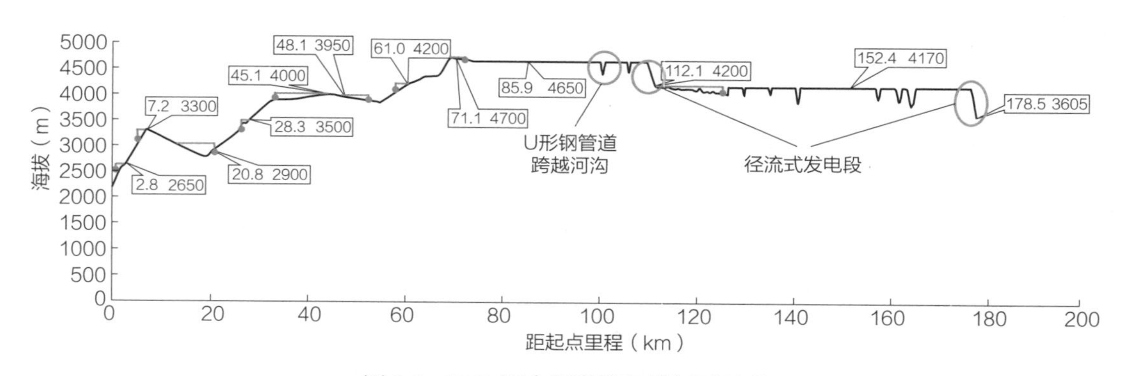

图 3.6 YN1 调水通道路径纵剖面示意

3.2.2.3 抽水和发电工程

整个通道共计建设 6 座抽水电站和 3 座发电站工程，按照通道年调水 62 亿 m^3 计算，抽水站总装机容量 1775 万 kW，发电站总装机容量 405 万 kW。

不考虑工程水库汇集天然水量的条件下，经测算，通道调水的年用电量 531.6 亿 kWh，发电量 223 亿 kWh，综合能效 41.9%，主要原因是工程受水点比取水点高 1810m。

通道提水和发电工程的主要参数见表 3.4。

表 3.4　YN1 通道提水和发电工程的主要参数

项目	D1 站	D2 站	D3 站	D4 站	D5 站	D6 站	D7 站	D8 站	D9 站	热玉站
提水高度（m）	475	650	—	600	500	—	250	500	—	—
落差（m）	—	—	400	—	—	50	—	—	500	—
距高比	3.8	5.8	—	8.5	8.0	—	21.6	16.0	—	—
装机容量（万 kW）	283	388	105	358	298	13	149	298	131	156

3.2.3　东通道方案（YN2）

从帕隆藏布干流的天然湖泊——古乡湖作为取水起点，海拔 2600m；受水点为规划的怒江干流卡西水电站，水库正常蓄水位 3040m。从取水点到受水点没有可以直接连通的等高线自流路径，因此，考虑建设多个梯级抽水电站，向东穿越雅鲁藏布江与怒江流域的分水岭（日拉西峰，海拔 5200m）到达怒江流域，借助怒江支流两岸山势，选择合适高程建设自流明渠，在昌都县的雪科村设置径流式高水头水力发电，充分利用提水产生的势能，雅鲁藏布江水调入怒江卡西水电站水库。

该跨越段全程共规划 11 个水库，总库容 18.1 亿 m^3。累计线路长度（含水库）约 180km，其中建设隧洞 41.6km，压力管道 26.3km，明渠 67.2km。工程由 7 段提水段、5 段自流及发电段组成，包括沿 2560、3170、4450m 等高线的三段自流明渠，长度分别是 74.8、16.2、74.8km，并有 27 处建设 U 形钢管道跨越河谷。

整个通道共计建设 7 座抽水电站和 3 座发电站工程，按照通道年调水 62 亿 m^3 计算，抽水电站总装机容量 1469 万 kW，发电站总装机容量 642 万 kW。不考虑工程水库汇集天然水量的条件下，经测算，通道调水的年用电量 579 亿 kWh，发电量 394 亿 kWh，综合能效 68%，主要原因是工程受水点比取水点高 440m。

3.2.4 建设条件分析

3.2.4.1 保护区分布

一般情况，水库大坝的选址开发应规避自然生态系统、野生生物、自然遗迹等全部类别的保护区。YN1 与 YN2 调水通道起始区域均位于雅鲁藏布江大峡谷保护区内，通道沿线规避了多个自然生态系统类与野生生物类保护区。总体判断，两个通道受保护区的限制影响可控，相对而言 YN1 好于 YN2。雅鲁藏布江—怒江 2 条调水通道所在区域的保护区分布情况如图 3.7 所示，主要保护区信息如表 3.5 所示。

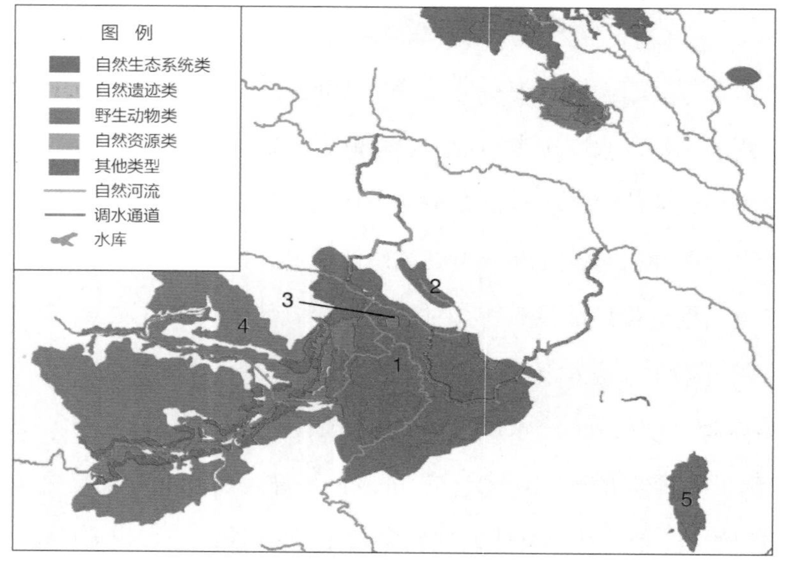

图 3.7 雅鲁藏布江—怒江 2 条调水通道所在区域的保护区分布情况示意

表 3.5 雅鲁藏布江—怒江 2 条调水通道所在区域的主要保护区情况

序号	保护区名称	保护区类别	调水影响关系
1	雅鲁藏布大峡谷	自然生态系统类	途经区内，难以规避
2	易贡国家地质公园保护区	自然生态系统类	已规避
3	加玉羚牛试验区	野生生物类	已规避
4	林芝巴结巨柏自然保护区核心区	野生生物类	已规避
5	察隅慈巴沟自然保护区核心区	自然生态系统类	已规避

3.2.4.2 岩层与地震情况

一般情况，水库大坝应考虑选择在地质条件稳定、承载力强的基岩上，如变质岩、岩浆岩；构造板块边界、地质断层以及历史地震发生频率较高的区域不宜建设大型的水利水电项目。YN1 调水通道沿线主要以混合沉积岩与硅质碎屑沉积岩为主，途经冰川区域；YN2 调水通道沿线主要以变质岩、混合沉积岩以及酸性深成岩为主，岩层结构较稳定。总体判断，两个通道的地质条件尚可，相对而言 YN2 好于 YN1。调水通道所在区域的主要岩层分布情况如图 3.8 所示。

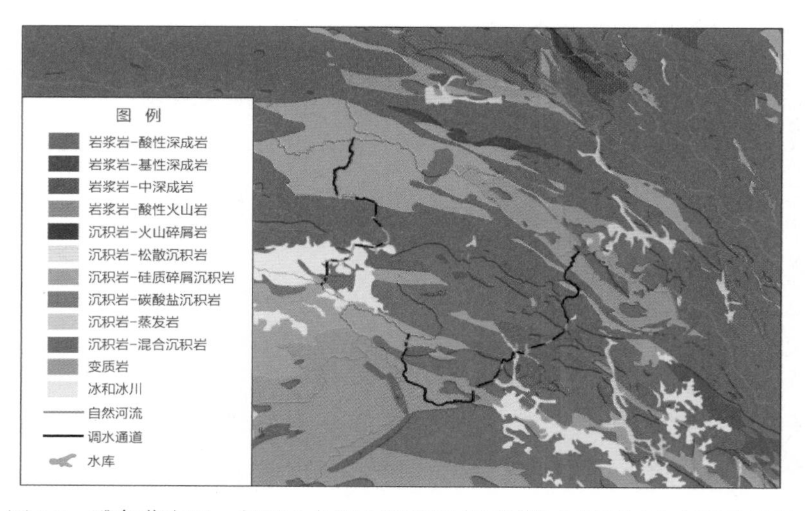

图 3.8 雅鲁藏布江—怒江 2 条调水通道所在区域的主要岩层分布情况示意

雅鲁藏布江大拐弯、怒江上游区域历史地震高发，但 YN1 调水通道沿线的地质结构稳定，从历史统计来看，库区坝址不存在大的历史地震记录，区域构造稳定性好；YN2 调水通道已基本规避历史地震高发区，个别坝址距离在地质断层与构造板块边界附近。总体判断，两个通道的地质稳定性尚可，相对而言 YN1 好于 YN2。调水通道所在区域的地质断层分布和历史地震情况示意如图 3.9 所示。

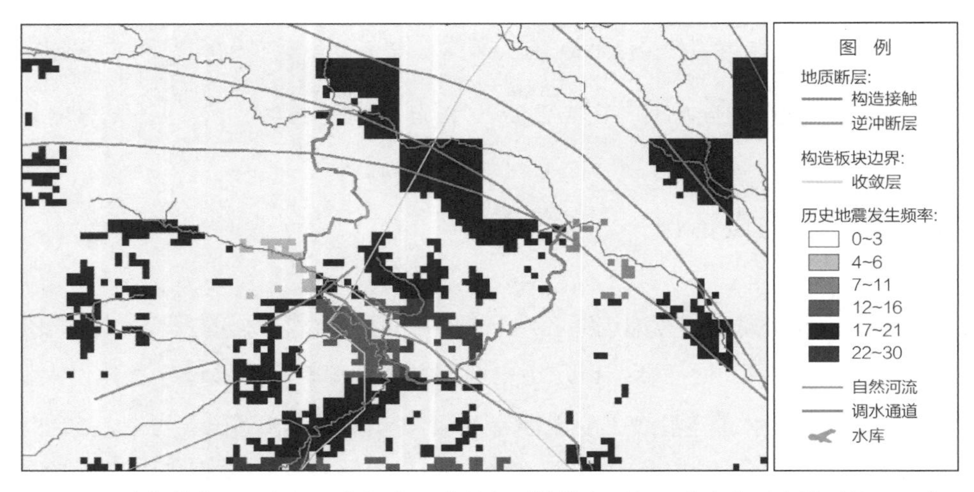

图 3.9　雅鲁藏布江—怒江 2 条调水通道所在区域的主要断层分布和历史地震情况示意

3.3　怒江—澜沧江调水通道

3.3.1　总体布局

从怒江调水的目的地是澜沧江，选取水点时本着尽量向北向东靠近澜沧江的理念，同时考虑到怒江下游含沙量大的特点，确定从怒江中上游调水。考虑到怒江嘉玉桥水文站年平均径流 239 亿 m^3，水文站上游两岸是海拔 5500 ~ 6000m 的高山，工程施工不便，因此将取水点主要选择在嘉玉桥水文站之后的同卡梯级（蓄水位

3245m）、卡西梯级（蓄水位 3040m）附近，同时考虑节省调水能耗，选择尽可能高的取水点、尽可能低的受水点，也选取位于怒江与澜沧江之间的怒江支流作为取水点，将怒江支流拦蓄后调水入澜沧江。

根据前述研究，怒江至澜沧江跨流域调水规模为 200 亿 m³，综合考虑单通道调水规模，考虑设计 4 条通道。结合取水点的水量和高程条件、受水点的高程和 2 个流域分水岭近区地形地貌特点，考虑怒江—澜沧江东向通道（NL1、NL2、NL3）和北向通道（NL4）。其中，NL1 取水点为昌都市八宿县同卡水库，受水点为澜沧江卡贡水库；NL2 和 NL3 取水点为昌都市八宿县卡西水库，受水点为澜沧江卡贡水库；NL4 取水点为怒江支流玉曲，位于西藏昌都市左贡县金达村，受水点为澜沧江班达水库。NL1、NL2、NL3 三个通道合计调水 170 亿 m³，NL4 通道调水 30 亿 m³，4 个通道及其取、受水点示意如图 3.10 所示。

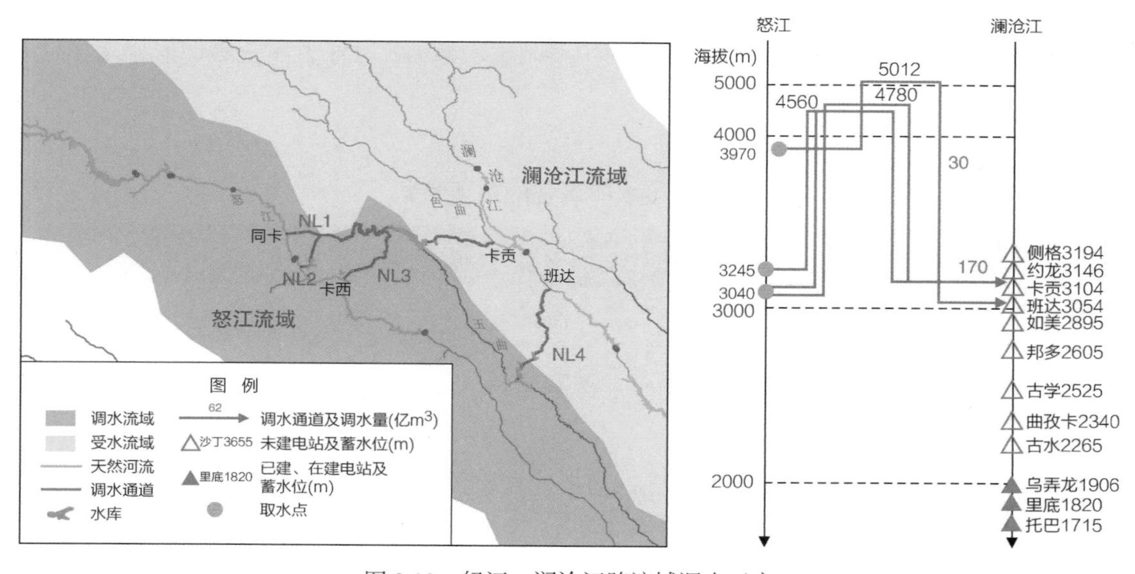

图 3.10 怒江—澜沧江跨流域调水示意

3.3.2 北 1 通道方案（NL1）

从怒江—同卡水库作为取水起点，取水点高程 3245m，受水点为澜沧江—卡贡水库，水库正常蓄水位 3104m。从取水点到受水点没有可以直接连通的等高线自流路径，因此，考虑建设多个梯级抽水电站，向东引水到达澜沧江流域，沿线在合适高程建设多段自流明渠，流经八宿县的郭庆乡索那村之后，设置多个径流式高水头水力发电，充分利用提水产生的势能，将怒江水调入澜沧江卡贡水库。

3.3.2.1 水库工程

全程共规划 3 个水库，总库容 13.6 亿 m^3。坝长最长 1845m，坝高最高 89m，最高的蓄水位在 4500m，最低的蓄水位 3900m，终点比起点低 5m，水库间最大落差 1396m。其中，D1 位于昌都市八宿县打龙隆村附近，库容 333 万 m^3，D2 位于昌都市八宿县益青乡昌都邦达机场以北约 7.5km 处，库容 6.6 亿 m^3，D3 位于 D2 东侧约 3km 处，库容 6.9 亿 m^3，均为主要调蓄水库。从卫星影像判断，部分水库可拦蓄天然径流，来水补给条件好。

水库的主要技术指标如表 3.6 所示。主要调蓄水库 D2、D3 方案三维地形如图 3.11 所示。

表 3.6 NL1 通道水库工程的主要参数

项目	D1	D2	D3
蓄水位（m）	3900	4320	4500
坝长（m）	279	1845	865
坝高（m）	88	35	89
库容（万 m^3）	333	66223	69493

3.3.2.2 引水工程

该跨越段累计线路长度（含水库）约 149km，其中建设压力管道 23.9km，明渠 90.8km，并利用两处湖泊（达托错、娘扎错）。工程由 3 段提水段、3 段自流及发电段组成，包括沿 4472、4500m 等高线的两段自流明渠，长度分别是 58.1、32.7km。

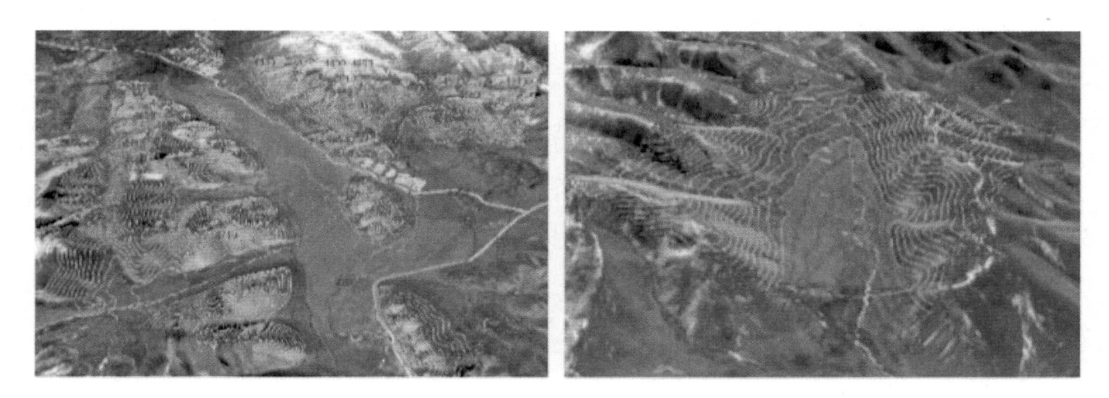

（a）D2 水库　　　　（b）D3 水库

图 3.11　NL1 通道主要调蓄水库的三维地形示意

引水工程路径地理位置和纵坡面示意如图 3.12 和图 3.13 所示。

图 3.12　NL1 调水通道路径地理位置示意

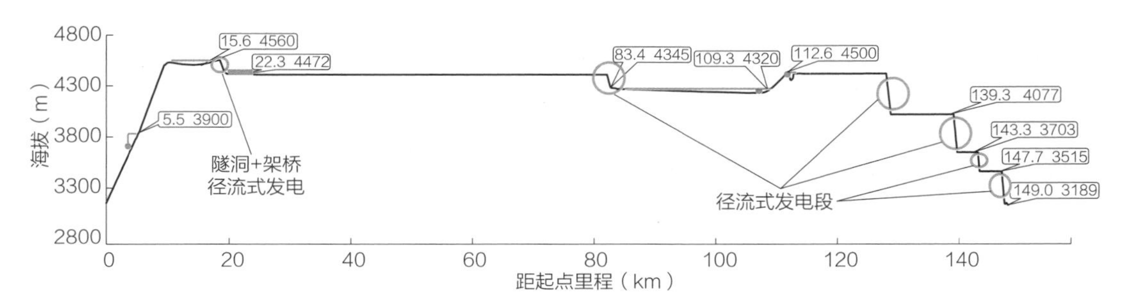

图 3.13　NL1 调水通道路径纵剖面示意

3.3.2.3 抽水和发电工程

整个通道共计建设3座抽水电站和6座发电站工程，按照通道年调水56.67亿m^3计算，抽水电站总装机容量1111万kW，发电站总装机容量392万kW。

不考虑工程水库汇集天然水量的条件下，经测算，通道调水的年用电量249亿kWh，发电量216亿kWh，综合能效87%。

通道提水和发电工程的主要参数见表3.7。

表3.7 NL1通道提水和发电工程的主要参数

项目	D1站	达托错	仁错	D2站	D3站	卡得木水库
提水高度（m）	655	660	—	—	180	—
落差（m）	—	—	88	152	—	1396
距高比	7.4	11.1	—	—	18.4	—
装机容量（万kW）	487	490	21	36	134	335

3.3.3 北2通道方案（NL2）

在怒江—同卡水库大坝下游约10.2km、扎热雄径流注入怒江—卡西水库的位置作为取水起点，取水点高程3040m，受水点为NL1通道中的达托错，湖泊水位4560m。从取水点到受水点建设3个梯级抽水电站，向北引水注入NL1通道的达托错，与NL1通道合并后一起将怒江水调入澜沧江卡贡水库。

该段全程共规划2个水库，总库容3.5亿m^3。累计线路长度（含水库）约21km，其中建设压力管道14.7km。与NL1通道合并后，全长（含水库）约157km。工程由4段提水段、3段自流及发电段组成。

整个通道共计建设3座抽水电站，与NL1通道并线建立1座抽水电站和6座发电站工程。按照通道年调水56.67亿m^3计算，抽水电站总装机容量1263万kW，发电站总装机容量 392 万 kW。不考虑工程水库汇集天然水量的条件下，经测算，通道调水的年用电量 278 亿 kWh，发电量 216 亿 kWh，综合能效 78%。

3.3.4 北 3 通道方案（NL3）

在怒江—同卡水库大坝下游约 31km 处，作为取水起点，取水点高程 3040m，受水点为 NL1 通道中的 D2 库，受水点水位 4320m。从取水点到受水点建设 3 个梯级抽水电站、3 个径流发电机组，向北引怒江水注入 NL1 通道 D2 库，与 NL1 方案合并，一起将怒江水调入澜沧江卡贡水库。

该跨越段全程共规划 3 个水库，总库容 7.8 亿 m^3。累计线路长度（含水库）约 46km，其中建设压力管道 16.8km，明渠 10.4km。与 NL1 通道合并后总长度（含水库）约 107km。工程由 4 段提水段、2 段自流及发电段组成，包括沿 4665m 等高线的一段自流明渠，长度是 10.4km。

整个通道共计建设 3 座抽水电站和 3 座发电站工程，与 NL1 通道并线建立 1 座抽水电站和 4 座发电站工程。按照通道年调水 56.67 亿 m^3 计算，抽水电站总装机容量 1426 万 kW，发电站总装机容量 445 万 kW。不考虑工程水库汇集天然水量的条件下，经测算，通道调水的年用电量 314 亿 kWh，发电量 245 亿 kWh，综合能效 78%。

3.3.5 南通道方案（NL4）

从怒江支流（玉曲）取水，在西藏昌都市左贡县金达村东南 1.2km 处建设拦水坝，拦截玉曲水流蓄水。从左贡县德达村作为取水起点，取水点高程 3970m，受水点为澜沧江—班达水库上游，受水点高程 3054m。从取水点到受水点没有可以直接连通的等高线自流路径，因此，考虑建设多个梯级抽水电站，向北引水到达澜沧江流域，沿线在合适高程建设多段自流明渠，设置多个径流式高水头水力发电，充分利用提水产生的势能，将怒江（玉曲）水调入澜沧江班达水库。该跨越段全程共规划 4 个水库，总库容 8.4 亿 m^3。累计线路长度（含水库）约 70km，其中建设压力管道 15.3km，明渠 36.9km，隧洞 2.5km，并利用一处湖泊（日许错）。工程由 3 段提水段、3 段自流及发电段组成，包括沿 5010、

4802m 等高线的两段自流明渠，长度分别是 5.6、31.3km，并有 1 处建设 U 形钢管道跨越河谷。

整个通道共计建设 3 座抽水电站和 6 座发电站工程，按照通道年调水 30 亿 m^3 计算，抽水电站总装机容量 409 万 kW，发电站总装机容量 248 万 kW。不考虑工程水库汇集天然水量的条件下，经测算，通道调水的年用电量 90 亿 kWh，发电量 137 亿 kWh，综合能效 152%，主要原因是工程受水点比取水点低 916m。

3.3.6 建设条件分析

3.3.6.1 保护区分布

NL1、NL2、NL3、NL4 调水通道区域与周围自然保护区距离较远，通道沿线规避了澜沧江与怒江流域内自然生态系统类、自然资源类、野生生物类保护区。总体判断，四条调水通道不受保护区限制影响。怒江—澜沧江四条调水通道所在区域的保护区分布情况如图 3.14 所示，主要保护区信息如表 3.8 所示。

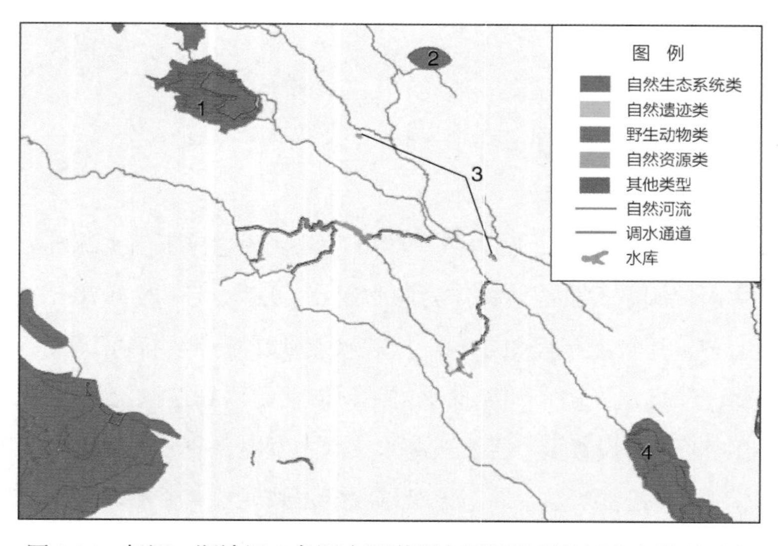

图 3.14 怒江—澜沧江 4 条调水通道所在区域的保护区分布情况示意

表 3.8　怒江—澜沧江 4 条调水通道所在区域的主要保护区情况

序号	保护区名称	保护区类别	调水影响关系
1	类乌齐自然保护区	野生动物类	已规避
2	拉多县自然保护区	自然生态系统类	已规避
3	察雅县水源保护地保护区	自然资源类	已规避
4	芒康滇金丝猴国家级自然保护区	野生生物类	已规避

3.3.6.2 岩层与地震情况

NL1 调水通道沿线岩层类型包括变质岩、混合沉积岩、硅质碎屑沉积岩、酸性岩浆岩；NL2 调水通道沿线主要以变质岩、酸性深成岩为主；NL3 调水通道沿线主要以酸性深成岩、松散沉积岩为主；NL4 调水通道沿线主要以混合沉积岩、碳酸盐沉积岩为主，四条调水通道岩层结构较稳定。总体判断，四条通道的地质条件尚可，相对而言 NL1 较好。调水通道所在区域的主要岩层分布情况如图 3.15 所示。

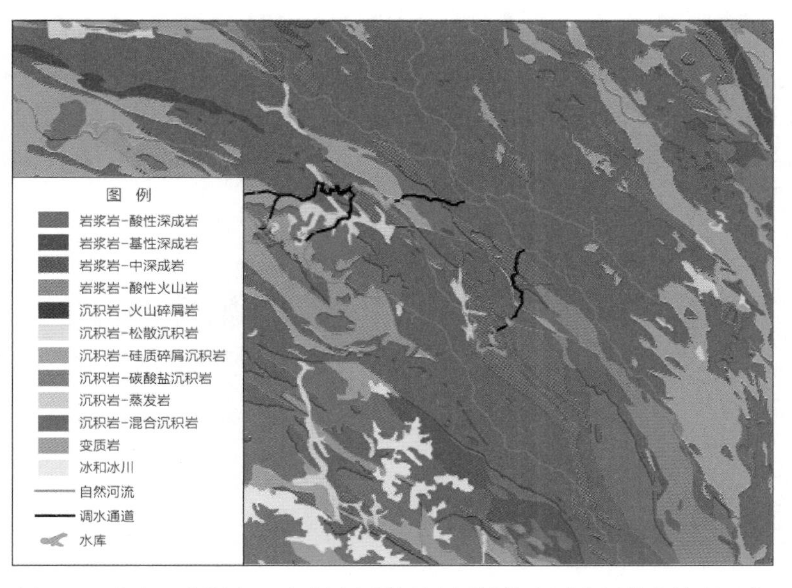

图 3.15　怒江—澜沧江 4 条调水通道所在区域的主要岩层分布情况示意

怒江上游、澜沧江上游区域历史地震高发，但 NL2、NL3、NL4 三条调水通道沿线的地质结构稳定，从历史统计来看，库区坝址不存在大的历史地震记录，区域构造稳定性好；NL1 调水通道在怒江流域内已规避历史地震高发区，调水通道东部区域内存在历史地震记录，个别坝址位于地质断层与构造板块边界附近。总体判断，四条通道的地质稳定性尚可，相对而言 NL2、NL3、NL4 好于 NL1。调水通道所在区域的地质断层分布和历史地震情况示意如图 3.16 所示。

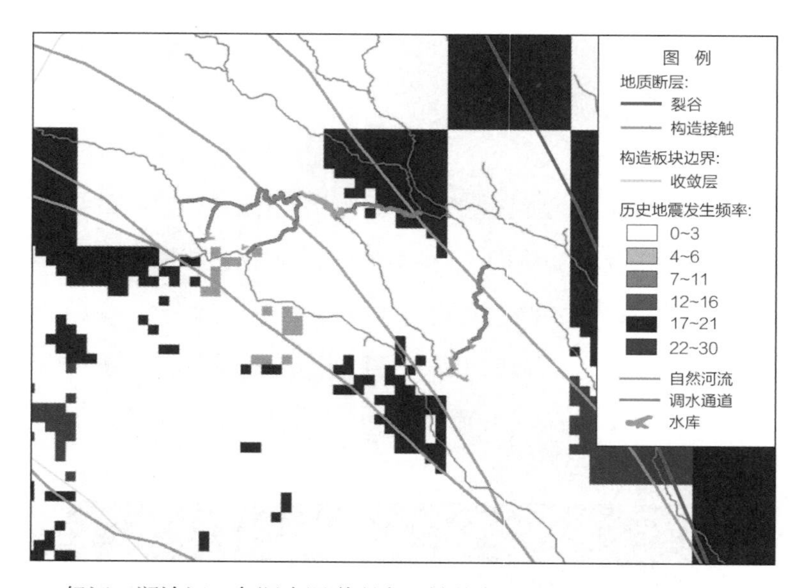

图 3.16 怒江—澜沧江 4 条调水通道所在区域的主要断层分布和历史地震情况示意

3.4 澜沧江—金沙江调水通道

3.4.1 总体布局

澜沧江、金沙江是我国西南地区的大河，均大致为西北—东南走向。对于澜沧江—

金沙江通道，偏上游的调水通道取水点、受水点海拔均相对较高，对于节省后续调水通道能耗较为有利；而偏下游的、位于三江并流区域的调水通道具有路径相对较短，可调水量更多的优势。按灵活分散的原则，上至澜沧江受水点（卡贡梯级），下至云南西北部三江并流区域均可考虑布置调水通道，其间重点考虑避让芒康滇金丝猴国家级自然保护区和白马雪山国家级自然保护区的核心区域。

根据前述研究，澜沧江至金沙江跨流域调水规模共计 247 亿 m^3，其中雅鲁藏布江 124 亿 m^3，怒江 76 亿 m^3，澜沧江 47 亿 m^3。考虑单通道调水规模，设计 5 条通道。结合取水点的水量和高程条件、受水点的高程和 2 个流域分水岭近区地形地貌特点，考虑 LJ1 通道取水点为澜沧江支流盖曲，受水点为金沙江干流的波罗水电站水库；LJ2 通道取水点为澜沧江干流的卡贡水电站水库，受水点为金沙江干流的叶巴滩水电站水库；LJ3 通道取水点为澜沧江支流麦曲，受水点为金沙江干流苏洼龙水电站水库；LJ4 通道取水点为澜沧江干流的如美水电站水库，受水点为金沙江干流的苏洼龙水电站水库；LJ5 通道取水点为澜沧江干流里底水电站水库，受水点为金沙江干流龙盘水电站水库。5 个通道及其取、受水点示意如图 3.17 所示。

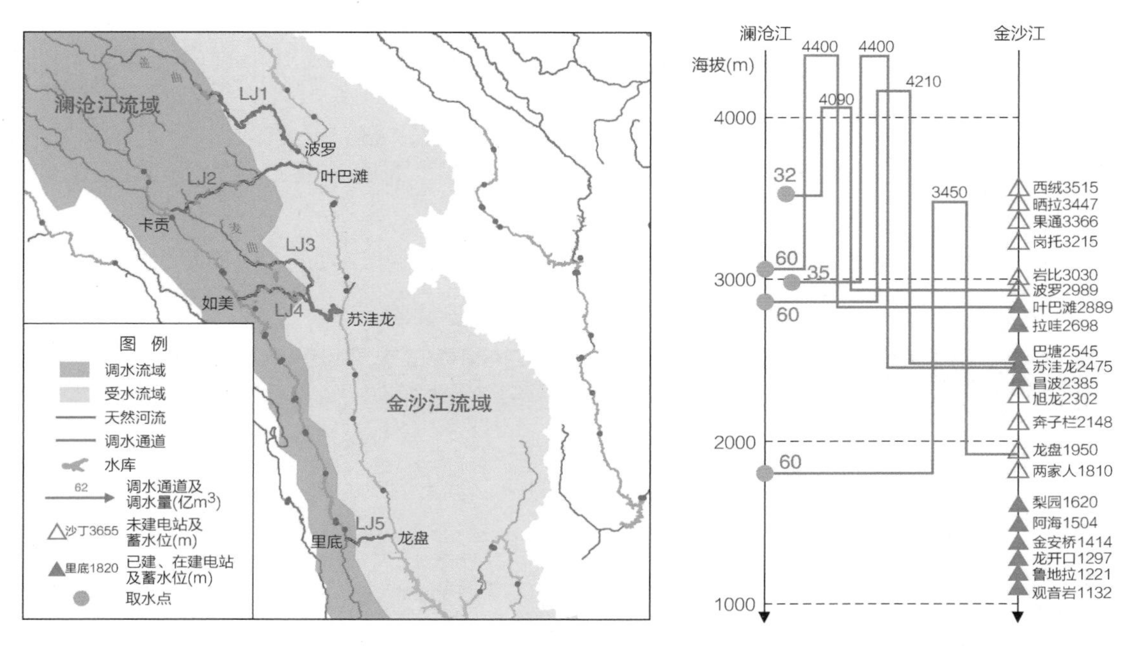

图 3.17　澜沧江—金沙江跨流域调水通道示意

3.4.2 北1通道方案（LJ1）

在澜沧江支流盖曲建水库作为取水起点，海拔3940m；受水点为规划建设的金沙江干流波罗水电站，水库正常蓄水位2989m。考虑建设梯级抽水电站，向东穿越澜沧江与金沙江流域的分水岭到达金沙江流域。借助金沙江支流两岸山势，设置自流明渠，在生达乡和岩比乡设置两个径流式发电利用落差，将澜沧江水调入金沙江波罗水电站水库，并充分利用势能发电。

3.4.2.1 水库工程

全程共规划4个水库，总库容11.43亿m^3。坝长最长2690m，坝高最高83m，最高的蓄水位在4090m，最低的蓄水位3880m，终点比起点降低951m，水库间最大落差891m。其中，D1位于澜沧江支流盖曲流经的江达县字呷乡上百玛村建坝拦蓄径流，库容32509万m^3，D2位于D1水库东南约1km处依三面山势建设拦水坝，库容57468万m^3，是主要调蓄水库，其他为调水的中继水库。从卫星影像判断，部分水库可拦蓄天然径流，来水补给条件好。

水库的主要技术指标如表3.9所示。主要调蓄水库方案三维地形如图3.18所示。

表3.9 LJ1通道水库工程的主要参数

项目	D1	D2	D3	D4
蓄水位（m）	4000	4090	4090	3880
坝长（m）	1311	2690	432	507
坝高（m）	60	83	79	42
库容（万m^3）	32509	57468	18373	5894

3.4.2.2 引水工程

该跨越段累计线路长度（含水库）约 201km，其中建设隧洞 5.9km，压力管道 11.3km，明渠 158.1km。工程由 1 段提水段、2 段自流及发电段组成，包括沿 4010、3840m 等高线的两段自流明渠，长度分别是 28、129km，并有 1 处建设 U 形钢管道跨越河谷。

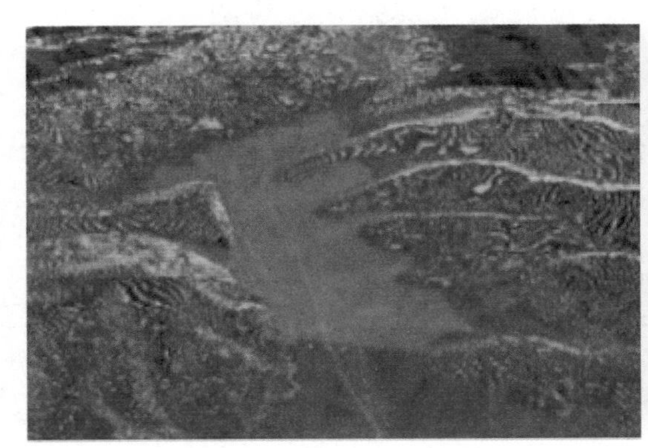

（a）D1 和 D2 水库

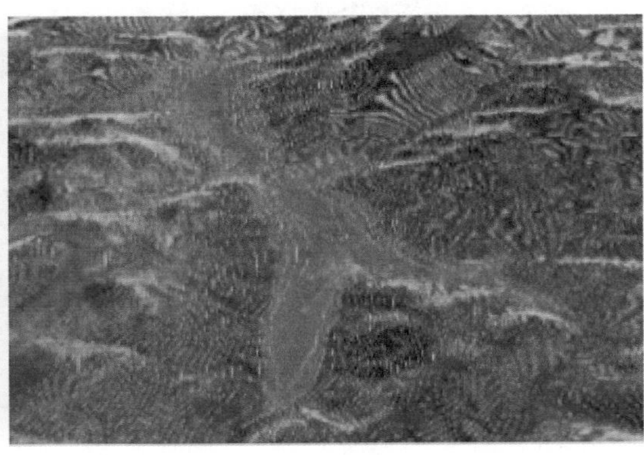

（b）D3 水库

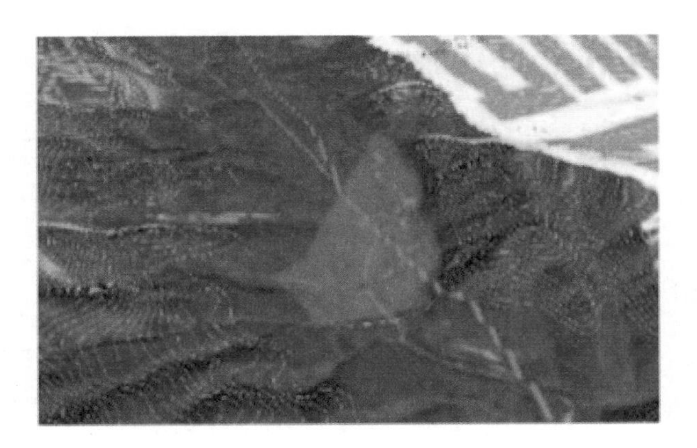

（c）D4 水库

图 3.18 LJ1 通道水库的三维地形示意

引水工程路径地理位置和纵坡面示意如图 3.19 和图 3.20 所示。

图 3.19 LJ1 通道路径地理位置示意

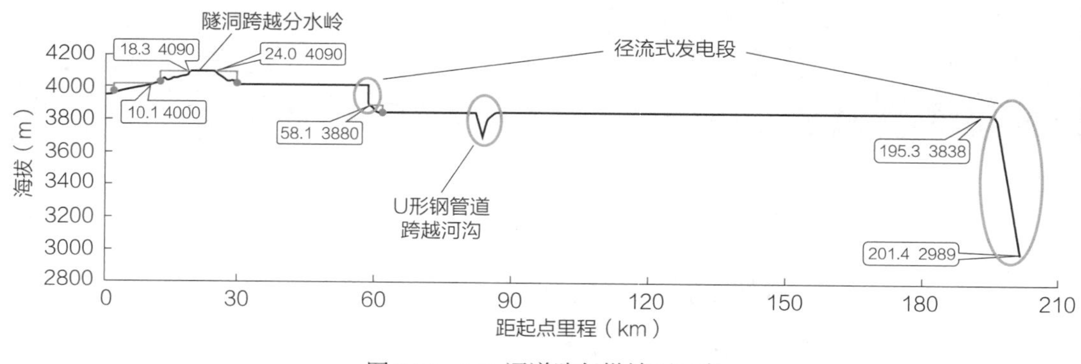

图 3.20 LJ1 通道路径纵坡面示意

3.4.2.3 抽水和发电工程

整个通道共计建设 1 座抽水电站和 2 座发电站工程，按照通道年调水 32 亿 m^3 计算，抽水电站总装机容量 28 万 kW，发电站总装机容量 149 万 kW。

不考虑工程水库汇集天然水量的条件下，经测算，通道调水的年用电量 8.3 亿 kWh，发电量 82 亿 kWh，年净发电量 73.7 亿 kWh，主要原因是工程受水点相较取水点有 951m 落差。LJ1 通道提水和发电工程的主要参数见表 3.10。

表 3.10 LJ1 通道提水和发电工程的主要参数

项目	D2 站	D4 站	波罗站
提水高度（m）	90	—	—
落差（m）	—	210	891
距高比	8.9	—	—
装机容量（万 kW）	28	28	121

3.4.3 北 2 通道方案（LJ2）

以澜沧江干流规划建设的卡贡水电站水库作为取水起点，海拔 3104m；受水点为金沙江干流叶巴滩水电站，水库正常蓄水位 2889m。从取水点到受水点没有可以直接连通的等高线自流路径，因此，考虑建设多个梯级抽水电站，向东穿越澜沧江与金沙江流域的分水岭到达金沙江流域。借助金沙江支流两岸山势，设置自流明渠，在哈加乡、相皮乡和克日乡设置 3 个径流式发电利用落差，充分利用提水产生的势能，将澜沧江水调入金沙江叶巴滩水电站水库。该跨越段全程共规划 7 个水库，总库容 31.08 亿 m^3。累计线路长度（含水库）约 157km，其中建设隧洞 4.9km，压力管道 44.3km，明渠 81.6km。工程由 4 段提水段、3 段自流及发电段组成，包括沿 4180、3760、3520m 等高线的三段自流明渠，长度分别是 3.8、4.3、55.1km。

整个通道共计建设 4 座抽水电站和 3 座发电站工程，按照通道年调水 60 亿 m^3 计算，抽水电站总装机容量 748 万 kW，发电站总装机容量 384 万 kW。不考虑工程水库汇集天然水量的条件下，经测算，通道调水的年用电量 224 亿 kWh，发电量 211 亿 kWh，年净发电量 73.7 亿 kWh，综合能效 94.2%，高于一般的抽水蓄能工程，主要原因是工程受水点相较取水点有 215m 落差。

3.4.4 中 1 通道方案（LJ3）

在澜沧江支流麦曲建水库作为取水起点，海拔 4000m；受水点为规划建设的金沙江干流苏洼龙水电站，水库正常蓄水位 2475m。考虑建设梯级抽水电站，向东穿越澜沧江与金沙江流域的分水岭到达金沙江流域。借助金沙江支流两岸山势，设置自流明渠，在昂多乡、宗西乡和竹巴龙乡设置三个径流式发电利用落差，将澜沧江水调入金沙江苏洼龙水电站水库，并充分利用势能发电。

该跨越段全程共规划 5 个水库，总库容 4.54 亿 m³。累计线路长度（含水库）约 146km，其中建设隧洞 4.3km，压力管道 31.9km，明渠 106.1km。工程由 2 段提水段、3 段自流及发电段组成，包括沿 4200、3530m 等高线的两段自流明渠，长度分别是 31、63.5km。

整个通道共计建设 2 座抽水电站和 3 座发电站工程，按照通道年调水 35 亿 m³ 计算，抽水电站总装机容量 101 万 kW，发电站总装机容量 285 万 kW。不考虑工程水库汇集天然水量的条件下，经测算，通道调水的年用电量 30 亿 kWh，发电量 157 亿 kWh，年净发电量 127 亿 kWh，主要原因是工程受水点相较取水点有 1525m 落差。

3.4.5 中 2 通道方案（LJ4）

以澜沧江干流规划建设的如美水电站水库作为取水起点，海拔 2895m；受水点为金沙江干流苏洼龙水电站，水库正常蓄水位 2475m。从取水点到受水点没有可以直接连通的等高线自流路径，因此，考虑建设多个梯级抽水电站，向东穿越澜沧江与金沙江流域的分水岭到达金沙江流域。借助澜沧江、金沙江支流两岸山势，设置自流明渠，在洛尼乡、宗西乡和竹巴乡设置 4 个径流式发电利用落差，充分利用提水产生的势能，将澜沧江水调入金沙江苏洼龙水电站水库。

该跨越段全程共规划 9 个水库，总库容 15.14 亿 m³。累计线路长度（含水库）约 163km，其中建设隧洞 9.3km，压力管道 27.7km，明渠 97km。工程由 4 段提水段、5 段自流及发电段组成，包括沿 4025、3750、3500m 等高线的两段自流明渠，长度分别是 6、6.8、69km，并有 3 处建设 U 形钢管道跨越河谷。

共计建设 4 座抽水电站和 5 座发电站工程，按照通道年调水 60 亿 m³ 计算，抽水电站总装机容量 950 万 kW，发电站总装机容量 537 万 kW。不考虑工程水库汇集天然水量的条件下，经测算，通道调水的年用电量 284 亿 kWh，发电量 295 亿 kWh，年净发电量 11 亿 kWh，主要原因是工程受水点相较取水点有 420m 落差。

3.4.6 南通道方案（LJ5）

以澜沧江干流里底水电站坝址下游作为取水起点，海拔 1759m；受水点为金沙江干流规划的龙盘水电站，水库正常蓄水位 1950m。从取水点到受水点没有可以直接连通的等高线自流路径，因此，考虑建设多个梯级抽水电站，向东穿越澜沧江与金沙江流域的分水岭到达金沙江流域。借助金沙江支流两岸山势，设置自流明渠，在塔城乡设置径流式发电利用落差，充分利用提水产生的势能，将澜沧江水调入金沙江龙盘水电站水库。

该跨越段全程共规划 4 个水库，总库容 1.47 亿 m^3。累计线路长度（含水库）约 53km，其中建设隧洞 2.1km，压力管道 11.7km，明渠 22km。工程由 3 段提水段、2 段自流及发电段组成，包括沿 3150m 等高线的自流明渠，长度是 25.7km，并有 1 处建设 U 形钢管道跨越河谷。

整个通道共计建设 3 座抽水电站和 2 座发电站工程，按照通道年调水 60 亿 m^3 计算，抽水电站总装机容量 976 万 kW，发电站总装机容量 381 万 kW。不考虑工程水库汇集天然水量的条件下，经测算，通道调水的年用电量 292 亿 kWh，发电量 210 亿 kWh，综合能效 71.9%，主要原因是工程受水点比取水点高 190m。

3.4.7 建设条件分析

3.4.7.1 保护区分布

LJ1 ~ LJ4 四条调水通道规避了多个自然生态系统类、野生动物类自然保护区，LJ5 通道途径白马雪山保护区，难以完全规避。总体判断，五条通道受保护区的限制影响较小，只有 LJ5 通道未能完全规避保护区。澜沧江—金沙江五条调水通道所在区域的保护区分布情况如图 3.21 所示，主要保护区信息如表 3.11 所示。

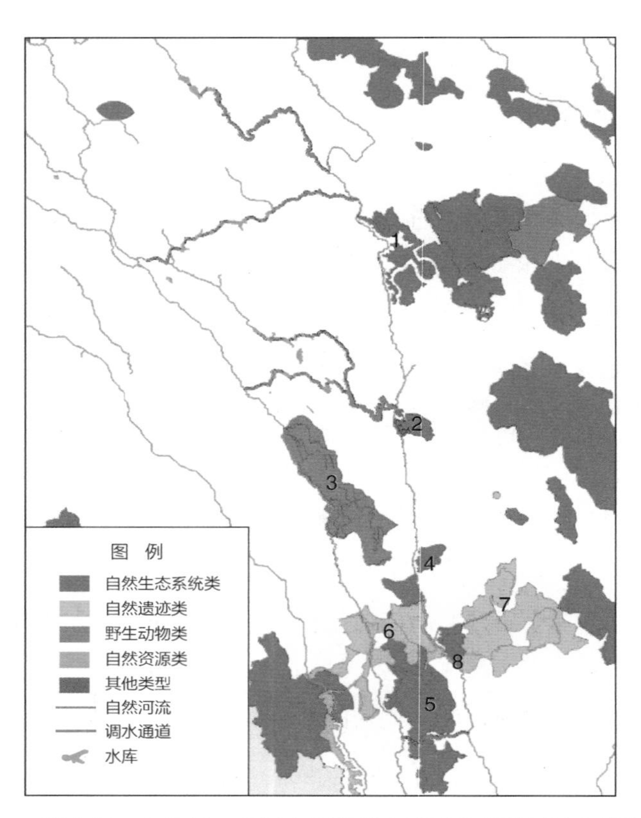

图 3.21 澜沧江—金沙江 5 条调水通道所在区域的保护区分布情况示意

表 3.11 澜沧江—金沙江 5 条调水通道所在区域的主要保护区情况

序号	保护区名称	保护区类别	调水影响关系
1	火龙沟自然保护区	自然生态系统类	已规避
2	竹巴笼自然保护区	自然生态系统类	已规避
3	芒康滇金丝猴国家级自然保护区	野生生物类	已规避
4	嘎金雪山市级保护区	自然生态系统类	已规避
5	白马雪山国家级自然保护区	自然生态系统类	途经区内，难以规避
6	梅里雪山国家级风景区	自然遗迹类	已规避
7	红山国家级风景区	自然遗迹类	已规避
8	下拥市级保护区	自然生态系统类	已规避

3.4.7.2 岩层与地震情况

LJ1 ~ LJ4 四条调水通道沿线主要以混合沉积岩、硅质碎屑沉积岩与酸性深成岩为主；LJ5 调水通道沿线区域岩层分布包括混合沉积岩、酸性火山岩以及碳酸盐沉积岩等类型，岩层结构较稳定。总体判断，五条调水通道的地质条件尚可，调水通道所在区域的主要岩层分布情况如图 3.22 所示。

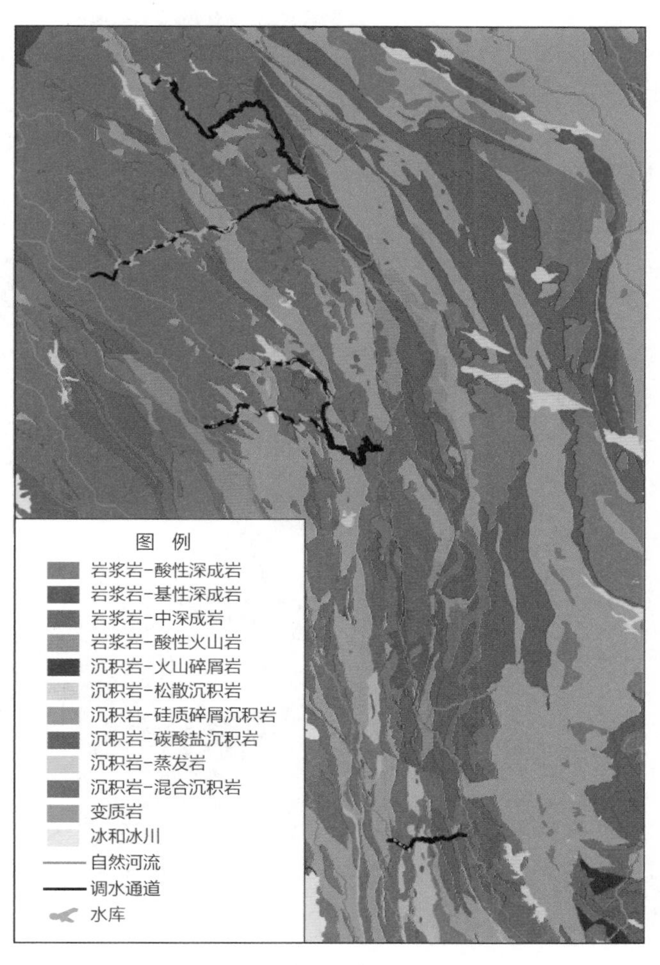

图 3.22 澜沧江—金沙江 5 条调水通道所在区域的主要岩层分布情况示意

澜沧江、金沙江上游区域历史地震高发，其中 LJ1 调水通道沿线的地质结构相对稳定，库区坝址不存在大的历史地震记录，区域构造稳定性好；LJ2～LJ5 调水通道穿越裂谷与构造接触等地质断层，库区坝址不能完全规避历史地震高发区。总体判断，澜沧江—金沙江五条调水通道附近区域地质条件复杂，相对而言 LJ1 好于 LJ2～LJ5，LJ1 通道受地质条件影响较少。调水通道所在区域的地质断层分布和历史地震情况示意如图 3.23 所示。

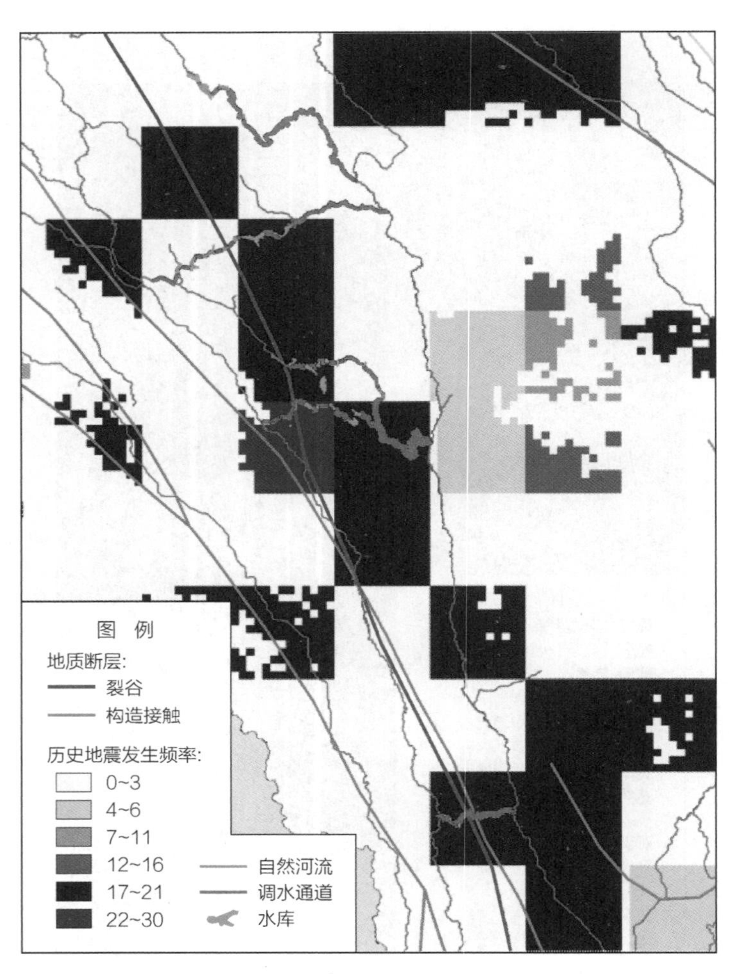

图 3.23 澜沧江—金沙江 5 条调水通道所在区域的主要断层分布和历史地震情况示意

3.5 金沙江—雅砻江调水通道

3.5.1 总体布局

金沙江是我国长江的上游，是四川省与西藏自治区的界河，发源于唐古拉山脉东段北支的无名山地东北处。金沙江穿行于川、藏、滇三省区之间，其间有最大支流雅砻江汇入，至四川宜宾纳岷江始名长江。

金沙江从青海省的河源至宜宾市干流河长近 3500km，流域面积约 50 万 km^2，占长江流域面积的四分之一。年平均流量 $4750m^3/s$。以降水补给为主，地下水和冰雪融水补给为辅。金沙江落差大，水力资源占长江的 40%以上。

金沙江上段，至石鼓（玉龙纳西族自治县石鼓镇），属于横断山区，流域狭窄，而且又位于金沙江纵向河谷少雨区，降水量在 600mm 以下。石鼓以上多年平均年径流量为 424 亿 m^3，石鼓站多年平均流量 $1343m^3/s$；金沙江进入中段后由于降水量增大，又有最大支流雅砻江汇入，河川径流倍增，至屏山站多年平均流量达 $4610m^3/s$，多年平均年径流量为 1428 亿 m^3，约占长江宜昌以上总径流量的 1/3。

根据前述研究，金沙江至雅砻江跨流域调水规模为 339 亿 m^3，综合考虑单通道调水规模，考虑设计北、中、南共 5 条通道。结合取水点的水量和高程条件、受水点的高程和 2 个流域分水岭近区地形地貌特点，考虑北通道（JY1 和 JY2）取水点为甘孜州德格县附近俄南水电站水库，受水点为雅砻江支流通把河；中通道（JY3 和 JY4）取水点为甘孜州巴塘县附近规划电站（巴塘）水库，受水点为雅砻江支流理塘河；南通道（JY5）取水点为云南省丽江市宁蒗彝族自治县拉伯乡附近规划电站（阿海）水库，受水点为雅砻江锦屏一级水电站水库。3 个通道及其取、受水点示意如图 3.24 所示。

从调研来看，金沙江与雅砻江流域之间大部分被保护区覆盖，包括海子山国家级自然保护区、四川亚丁国家级自然保护区、察青松多国家级自然保护区等。该处跨流域调水考虑尽可能避开保护区。

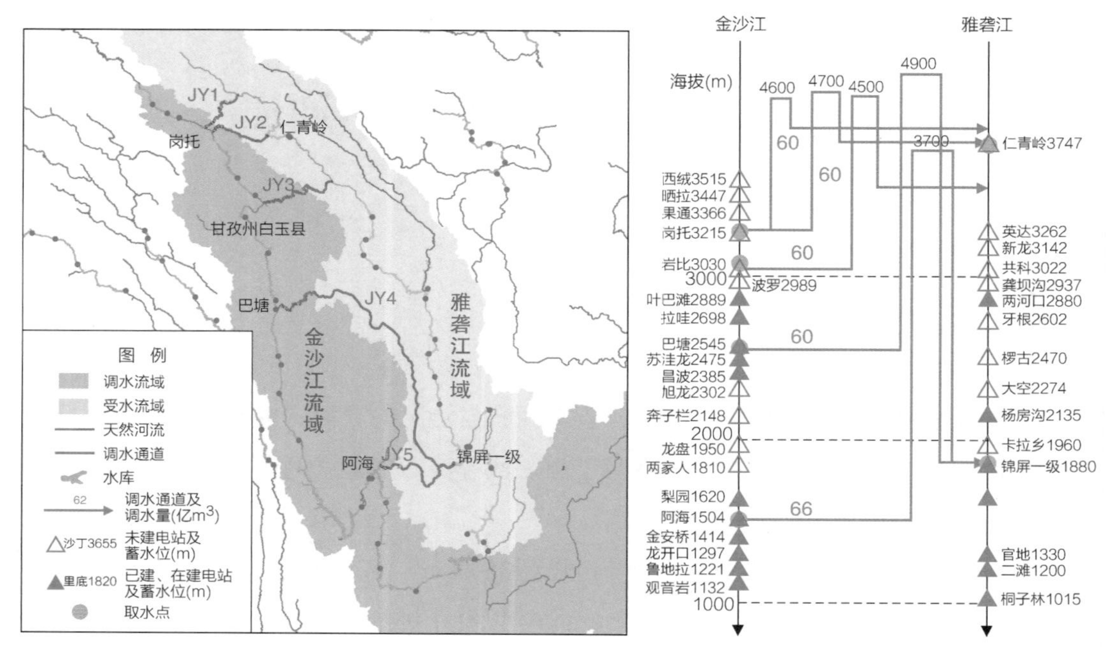

图 3.24 金沙江—雅砻江跨流域调水通道示意

3.5.2 北 1 通道方案（JY1）

从甘孜州石渠县附近规划电站（岗托）水库上游作为取水起点，海拔 3227m，受水点为雅砻江支流通把河。从取水点到受水点没有可以直接连通的等高线自流路径，因此，考虑建设多个梯级抽水电站，向东穿越金沙江与雅砻江流域分水岭（大保拉哈，海拔 4850m）达到雅砻江流域，过分水岭后可沿雅砻江支流天然河道左侧山地地形设置水库，借助雅砻江支流两岸山势，选择合适高程建设自流明渠，在甘孜藏族自治州石渠县的空穷村、巴让村和虾扎镇附近等地设置径流式高水头水力发电，充分利用提水产生的势能，金沙江水调入雅砻江支流通把河。

该跨越段全程共规划 7 个水库，总库容 7.65 亿 m^3。累计线路长度（含水库）约 104km，其中建设隧洞 11.4km，压力管道 22.0km，明渠 59.1km。工程由 3 段提水段、5 段自流及发电段组成，包括沿 4500、4300m 等高线的两段自流明渠，长度分别是 25.7、16.2km，并有 4 处建设 U 形钢管道跨越河谷。

整个通道共计建设3座抽水电站和5座发电站工程，按照通道年调水60亿m^3计算，抽水电站总装机容量793万kW，发电站总装机容量181万kW。不考虑工程水库汇集天然水量的条件下，经测算，通道调水的年用电量237亿kWh，发电量100亿kWh，综合能效42.2%，主要原因是工程受水点比取水点高659m。

3.5.3 北2通道方案（JY2）

从甘孜藏族自治州石渠县休纠村附近规划电站（岗托）上游水库作为取水起点，海拔3215m；受水点为规划建设的雅砻江干流仁青岭水电站水库，水库正常蓄水位3747m。从取水点到受水点没有可以直接连通的等高线自流路径，因此，考虑建设多个梯级抽水电站，向东北穿越金沙江与雅砻江流域的分水岭（扎巧，海拔4800m）到达雅砻江流域，借助雅砻江支流两岸山势，选择合适高程建设自流明渠，在甘孜藏族自治州德格县的老钦乡和甲西乡等地附近设置径流式高水头水力发电，充分利用提水产生的势能，金沙江水调入雅砻江仁青岭水电站水库。

该跨越段全程共规划9个水库，总库容1.85亿m^3。累计线路长度（含水库）约106km，其中建设隧洞0.9km，压力管道15.9km，明渠75km。工程由4段提水段、5段自流及发电段组成，包括沿4000、4700、4500、4200m等高线的四段自流明渠，长度分别是1.8、5.9、7、7.4、50.1km，并有2处建设U形钢管道跨越河谷。

整个通道共计建设3座抽水电站和4座发电站工程，按照通道年调水60亿m^3计算，抽水电站总装机容量853万kW，发电站总装机容量242万kW。不考虑工程水库汇集天然水量的条件下，经测算，通道调水的年用电量257亿kWh，发电量133亿kWh，综合能效51.8%，主要原因是工程受水点比取水点高532m。

3.5.4 中1通道方案（JY3）

从甘孜藏族自治州白玉县格特村西南金沙江河段作为取水起点，海拔3124m；受水点为甘孜藏族自治州新龙县加柯村附近雅砻江支流达曲河。从取水点到受水点没有可以直接连通的等高线自流路径，因此，考虑建设多个梯级抽水电站，向东北穿越金沙江与雅砻江流域的分水岭到达雅砻江流域，借助雅砻江支流两岸山势，选择合适高程建设自流明渠，在甘孜藏族自治州新龙县加柯村附近设置径流式高水头水力发电，充分利用提水产生的势能，金沙江水调入雅砻江支流达曲河。

该跨越段全程共规划 9 个水库，总库容 1.6 亿 m^3。累计线路长度（含水库）约 176.1km，其中建设隧洞 19.1km，压力管道 14.2km，明渠 109.4km。工程由 4 段提水段、3 段自流及发电段组成，包括沿 3600、4000、4500m 等高线的自流明渠，长度分别是 11.9、25.4、39.9、3.9、27.8km，并有 3 处建设 U 形钢管道跨越河谷。

整个通道共计建设 4 座抽水电站和 1 座发电站工程，按照通道年调水 60 亿 m^3 计算，抽水电站总装机容量 794 万 kW，发电站总装机容量 289 万 kW。不考虑工程水库汇集天然水量的条件下，经测算，通道调水的年用电量 238 亿 kWh，发电量 159 亿 kWh，综合能效 66.9%，主要原因是工程受水点比取水点高 236m。

3.5.5 中 2 通道方案（JY4）

从甘孜州巴塘县附近金沙江河段规划电站（巴塘）水库上游附近作为取水点，海拔 2577m，受水点为雅砻江支流理塘河。从取水点到受水点没有可以直接连通的等高线自流路径，因此，考虑建设多个梯级抽水电站，向东穿越金沙江与雅砻江流域分水岭（海拔 5900m）达到雅砻江流域，过分水岭后可沿雅砻江流域支流天然河道山地地形设置水库，调水区域内有多个天然湖泊，利用较大的天然湖泊，在甘孜藏族自治州巴塘县亚免龙附近设置径流式高水头水力发电，充分利用提水产生的势能，金沙江水经雅砻江支流理塘河调水雅砻江。

该跨越段全程共规划 4 个水库，总库容 4.8 亿 m^3。累计线路长度（含水库）约 118.4km，其中建设隧洞 5.6km，压力管道 18.6km，明渠 76.2km。工程由 4 段提水段、3 段自流及发电段组成，包括沿 3900、4800、4500m 等高线的自流明渠，长度分别是 2、15.2、59km。

整个通道共计建设 4 座抽水电站和 3 座发电站工程，按照通道年调水 60 亿 m^3 计算，抽水电站总装机容量 1341 万 kW，考虑充分利用理塘河落差发电，则发电装机总容量 767 万 kW。不考虑工程水库汇集天然水量的条件下，经测算，通道调水的年用电量 402 亿 kWh，考虑充分利用理塘河落差发电，则发电量 422 亿 kWh，净发电 20 亿 kWh，主要原因是工程最终受水点比取水点高 697m。

3.5.6 南通道方案（JY5）

以云南省丽江市宁蒗彝族自治县树枝村附近作为取水点，此处靠近金沙江规划电站（阿海）上游水库（金沙江支流水洛河河段），海拔 1614m；受水点为锦屏一级水电站水库，水库正常蓄水位 1880m。从取水点到受水点没有可以直接连通的等高线自流路径，因此，考虑建设多个梯级抽水电站，向东穿越金沙江与雅砻江流域分水岭（耳子黄山，海拔 4000m）到达雅砻江流域，借助雅砻江支流两岸山势，选择合适高程建设自流明渠，在丽江市宁蒗彝族自治县农场村等地设置径流式高水头水力发电，充分利用提水产生的势能，金沙江水调入雅砻江锦屏一级水电站水库。

3.5.6.1 水库工程

全程共规划 8 个水库，总库容 6.5 亿 m^3。坝长最长 1184m，坝高最高 197m，最高的蓄水位在 3700m，最低的蓄水位 1900m，终点比起点高 266m，水库间最大落差 1000m。其中，D6 位于凉山彝族自治州木里藏族自治县，库容 51594 万 m^3，为主要调蓄水库，其他为调水的中继水库。从卫星影像判断，部分水库可拦蓄天然径流，来水补给条件好。水库的主要技术指标如表 3.12 所示。

表 3.12 JY5 通道水库工程的主要参数

项目	D1	D2	D3	D4	D5	D6	D7	D8
蓄水位（m）	1900	2300	2800	3200	3700	2700	2700	2400
坝长（m）	568	660	577	455	1184	987	230	383
坝高（m）	175	149	148	197	172	47	69	189
库容（万 m^3）	2262	1613	1047	2403	4453	51594	419	1679

3.5.6.2 引水工程

该跨越段累计线路长度（含水库）约 172km，其中建设隧洞 15.2km，压力管道 23.6km，明渠 133km。工程由 5 段提水段、4 段自流及发电段组成，包括沿 2700、2500、3000m 等高线的两段自流明渠，总长度分别是 39、94km。

引水工程路径地理位置和纵坡面示意如图 3.25 和图 3.26 所示。

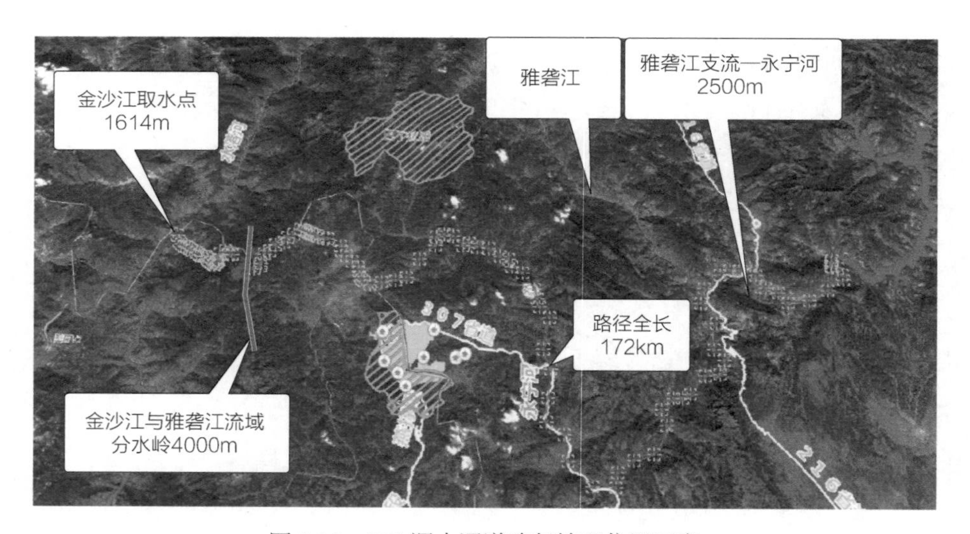

图 3.25 JY5 调水通道路径地理位置示意

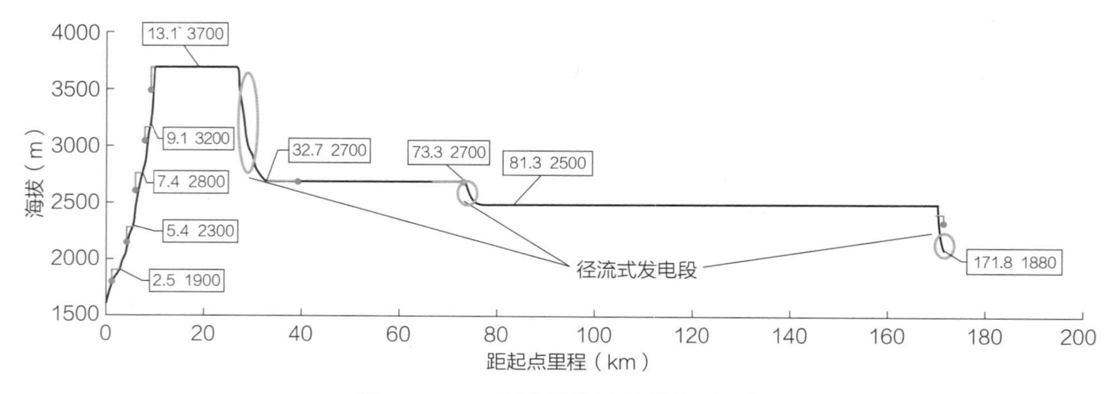

图 3.26 JY5 调水通道路径纵坡面示意

3.5.6.3 抽水和发电工程

整个通道共计建设 5 座抽水电站和 3 座发电站工程，按照通道年调水 66 亿 m^3 计算，抽水电站总装机容量 1325 万 kW，发电站总装机容量 508 万 kW。

不考虑工程水库汇集天然水量的条件下，经测算，通道调水的年用电量 397 亿 kWh，发电量 280 亿 kWh，综合能效 70.5%，主要原因是工程受水点比取水点高 266m。

JY5 通道提水和发电工程的主要参数见表 3.13。

表 3.13 JY5 通道提水和发电工程的主要参数

项目	D1 站	D2 站	D3 站	D4 站	D5 站	D6 站	D7 站	D8 站	雅砻江
提水高度（m）	286	400	500	400	500	—	—	—	—
落差（m）	—	—	—	—	—	1000	0	200	620
距高比	8.7	7.3	4	4.3	7	—	—	—	—
装机容量（万 kW）	182	254	317	254	317	279	0	56	173

3.5.7 建设条件分析

3.5.7.1 保护区分布

金沙江—雅砻江调水通道附近区域自然保护区众多，其中 JY1、JY5 通道沿线规避了多个自然生态系统类与野生生物类保护区，JY2、JY3、JY4 通道途经志巴沟县级保护区、冷达沟县级保护区，海子山国家级保护区，无法完全规避。总体判断，五条通道受保护区的限制影响小，相对而言 JY1、JY5 好于 JY2、JY3、JY4。金沙江—雅砻江 5 条调水通道所在区域的保护区分布情况如图 3.27 所示，主要保护区信息如表 3.14 所示。

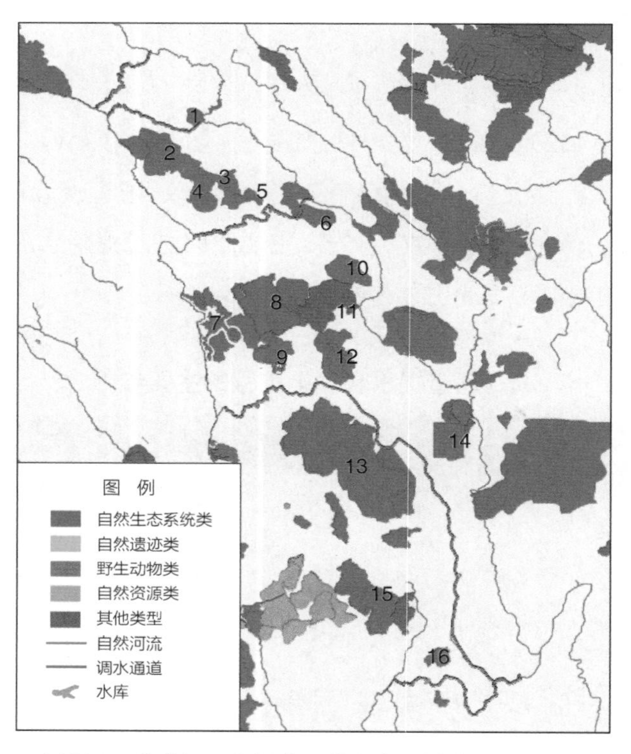

图 3.27 金沙江—雅砻江 5 条调水通道所在区域的保护区分布情况示意

表 3.14 金沙江至雅砻江 5 条调水通道所在区域的主要保护区情况

序号	保护区名称	保护区类别	调水影响关系
1	志巴沟县级保护区	自然生态系统类	途经区内，难以规避
2	柯洛洞县级保护区	自然生态系统类	已规避
3	多普市级保护区	自然生态系统类	已规避
4	新路海省级保护区	自然生态系统类	已规避
5	阿木拉县级保护区	自然生态系统类	已规避
6	冷达沟县级保护区	自然生态系统类	途经区内，难以规避
7	火龙沟自然保护区	自然生态系统类	已规避

续表

序号	保护区名称	保护区类别	调水影响关系
8	察青松多国家级保护区	自然生态系统类	已规避
9	措普国家森林公园	自然生态系统类	已规避
10	雄龙西县级保护区	自然生态系统类	已规避
11	友谊野生动物市级保护区	野生生物类	已规避
12	四川扎嘎神山自然保护区	自然生态系统类	已规避
13	海子山国家级保护区	自然生态系统类	途经区内，难以规避
14	四川神山省级保护区	自然生态系统类	已规避
15	亚丁国家级自然保护区	自然生态系统类	已规避
16	巴丁拉姆自然保护区	自然生态系统类	已规避

3.5.7.2 岩层与地震情况

JY1、JY2 调水通道沿线主要以硅质碎屑沉积岩、混合沉积岩为主；JY3 调水通道沿线主要以硅质碎屑沉积岩、基性深成岩等为主；JY4 调水通道沿线主要以硅质碎屑沉积岩、碳酸盐沉积岩、基性深成岩为主；JY5 通道沿线主要以混合沉积岩、碳酸盐沉积岩等为主，岩层结构较稳定。总体判断，五条通道的地质条件尚可，相对而言 JY3、JY4 地质岩层条件更好。调水通道所在区域的主要岩层分布情况如图 3.28 所示。

金沙江、雅砻江上游区域均为历史地震高发区域，但 JY3、JY4 调水通道沿线的地质结构稳定，从历史统计来看，库区坝址不存在大的历史地震记录，区域构造稳定性好；JY1、JY2、JY5 调水通道已基本规避历史地震高发区，个别坝址位于地质断层与构造板块边界附近。总体判断，五条通道的地质稳定性尚可，相对而言 JY3、JY4 好于 JY1、JY2、JY3。调水通道所在区域的地质断层分布和历史地震情况示意如图 3.29 所示。

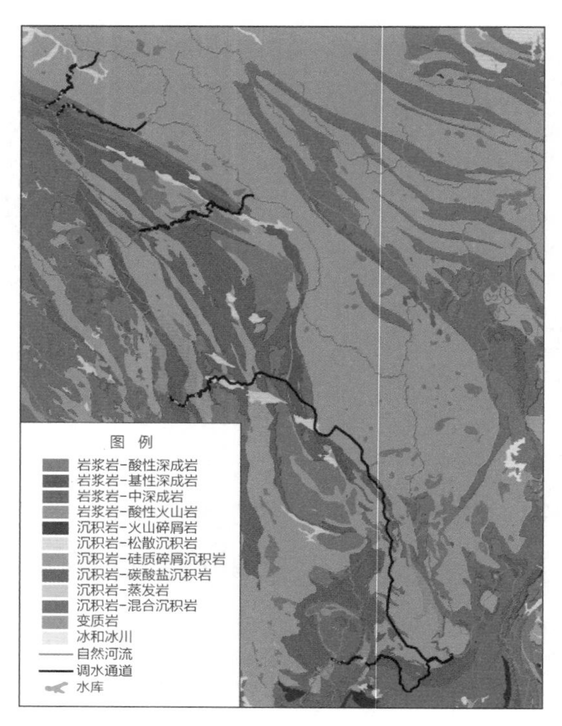

图 3.28 金沙江—雅砻江 5 条调水通道所在区域的主要岩层分布情况示意

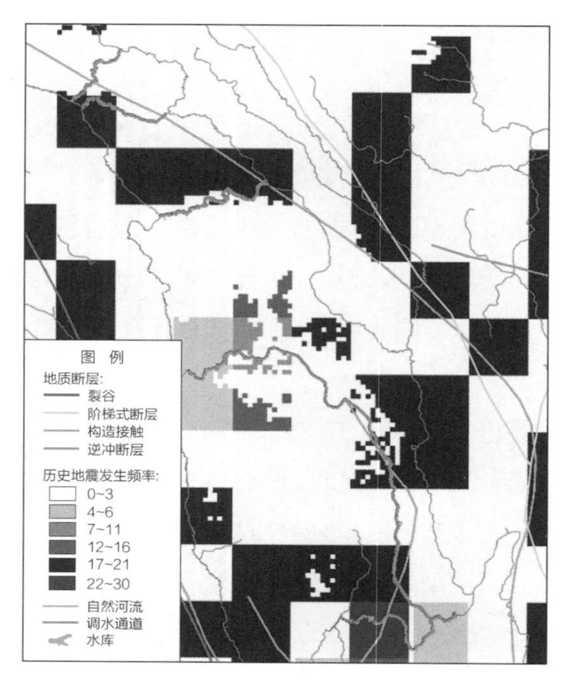

图 3.29 金沙江—雅砻江 5 条调水通道所在区域的主要断层分布和历史地震情况示意

3.6 雅砻江—大渡河调水通道

3.6.1 总体布局

雅砻江是典型的高山峡谷型河流，是长江上游金沙江的第一大支流，源于青海省玉树州巴颜喀拉山南麓，东南流至尼达坎多进入四川，经甘孜、凉山二州，于攀枝花市东区倮果大桥以下注入金沙江，全长1571km，流域面积13.6万km^2。雅砻江较大的支流有鲜水河、理塘河、安宁河等，呈树枝状均匀分布于干流两岸。雅砻江河口多年平均流量为1860m^3/s，径流主要来源于降水融雪、融冰补给。

根据前述研究，雅砻江—大渡河跨流域调水规模为328亿m^3，综合考虑单通道调水规模，考虑设计北部2条、中部3条和南部1条共6条通道。结合取水点的水量和高程条件、受水点的高程和2个流域分水岭近区地形地貌特点，考虑北部通道一（YD1）取水点为鲜水河支流泥河的甘孜县克果乡格则村段，受水点为大渡河支流色曲上游段；北部通道二（YD2）取水点为达曲河下游加斗村附近建设的水库，受水点为大渡河支流色曲下游；中部通道一（YD3）取水点为阿拉沟汇入鲜水河处，受水点为大渡河支流俄日沟上游段；中部通道二（YD4）取水点为鲜水河道上道孚县览村段，受水点为大渡河支流勒斯扎河；中部通道三（YD5）取水点为鲜水河汇入雅砻江干流处的两江口水库，受水点为大渡河支流东谷河上游段；南部通道（YD6）取水点为九龙河汇入雅砻江干流处的水库，受水点为大渡河干流下游段。6个通道及其取、受水点示意如图3.30所示。

从调研来看，起点的雅砻江甘孜段保护区覆盖密集，包括卡莎胡、四川泰宁玉科等（具体内容见3.6.8）。因此，该跨流域段暂时不考虑保护区制约。

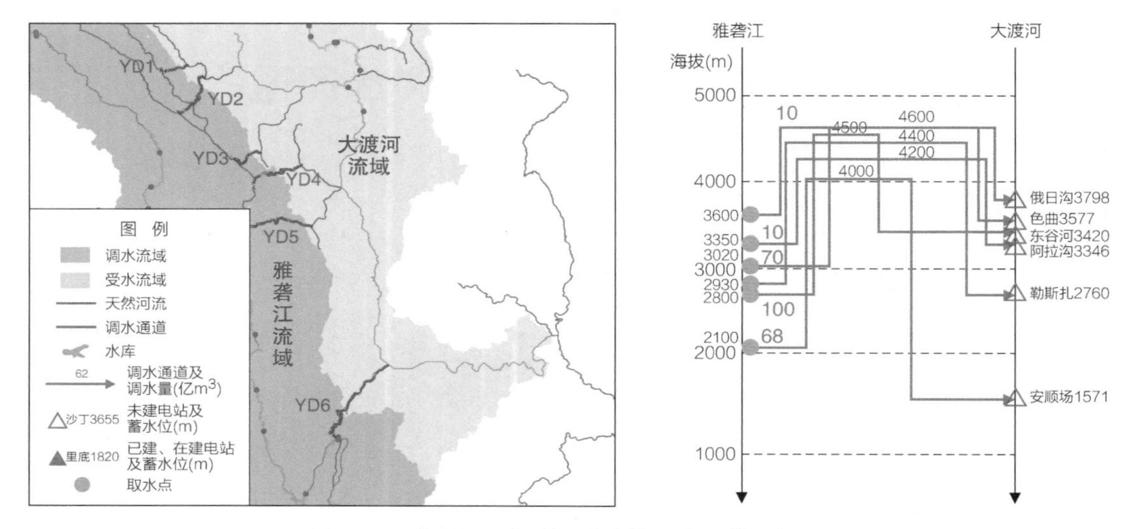

图 3.30 雅砻江—大渡河跨流域调水通道示意图

3.6.2 北 1 通道方案（YD1）

从鲜水河支流泥河的甘孜县克果乡格则村作为取水起点，海拔 3600m；受水点为大渡河支流色曲上游段甘孜州色达县董康村，海拔 3577m。从取水点到受水点没有可以直接连通的等高线自流路径，因此，考虑建设多个梯级抽水电站，先提水 1000m 后向东沿山脊走约 6km 至曼格隆山，下降 100m 后沿山脊向东方向至哈隆山，借助山势保持 4500m 高度，在近大渡河支流色曲附近分两次设置径流式高水头发电利用落差势能，调水进入色曲，再随色曲河道进入大渡河一级支流绰斯甲河，随绰斯甲河汇入大渡河的两江水库。

该跨越段全程共规划 4 个水库，总库容 18028 万 m^3。累计线路长度（含水库）约 31km，其中建设隧洞 3km，压力管道 11.7km，明渠 16km。工程由 2 段提水段、4 段自流及发电段组成，包括沿 3600、4600、4500、4200m 等高线的四段自流明渠，总长度分别是 2.5、5.4、3.4、4.7km，并有 2 处建设 U 形钢管道跨越河谷、山谷等。

整个通道共计建设 2 座抽水电站和 1 座发电站工程，按照通道年调水 10 亿 m^3 计算，抽水电站总装机容量 96 万 kW，发电站总装机容量 44 万 kW。不考虑工程水库汇集天然水量的条件下，经测算，通道调水的年用电量 29 亿 kWh，发电量 24 亿 kWh，综合能效 82.8%。

3.6.3 北 2 通道方案（YD2）

从达曲河下游加斗村附近建设水库作为取水起点，海拔 3350m；受水点为大渡河支流色曲下游，海拔 3346m。从取水点到受水点没有可以直接连通的等高线自流路径，因此，考虑建设多个梯级抽水电站，先沿河道向下流走 4.6km，经过两级抽水电站提水 850m 后，借助山势保持高度，在近色曲处设置径流式高水头发电利用落差势能，调水进入色曲，再随色曲河道进入大渡河一级支流绰斯甲河，随绰斯甲河汇入大渡河的两江水库。

该跨越段全程共规划 3 个水库，总库容 9161 万 m^3。累计线路长度（含水库）约 75km，其中建设隧洞 2.7km，压力管道 19.7km，明渠 51km。工程由 2 段提水段、1 段自流及发电段组成，包括沿 4200m 等高线的一段自流明渠，总长度 51km，并有 2 处建设 U 形钢管道跨越河谷、山谷等。

整个通道共计建设 2 座抽水电站和 1 座发电站工程，按照通道年调水 10 亿 m^3 计算，抽水电站总装机容量 81 万 kW，发电站总装机容量 36 万 kW。不考虑工程水库汇集天然水量的条件下，经测算，通道调水的年用电量 25 亿 kWh，发电量 20 亿 kWh，综合能效 80%。

3.6.4 中 1 通道方案（YD3）

从阿拉沟汇入鲜水河处作为取水起点，海拔 3020m；受水点为大渡河支流俄日沟上游段，海拔 3798m。从取水点到受水点没有可以直接连通的等高线自流路径，因此，考虑建设多个梯级抽水电站，先提水 500m 后向南沿河走约 7km，沿山脊向东北方向抽水 1000m 至查龙科山峰，借助山势保持高度，在近俄日沟处设置径流式高水头发电利用落差势能，调水进入俄日沟，再随俄日沟河道进入大渡河一级支流绰斯甲河，随绰斯甲河汇入大渡河的两江水库。

3.6.4.1　水库工程

全程共规划 7 个水库，总库容 7566 万 m^3。坝长最长 977m，坝高最高 149m，最高的蓄水位在 4600m，最低的蓄水位 3050m，终点比起点高 750m，水库间最大落差 895m。其中，D1 位于鲜水河与阿拉沟交汇处，库容 2023 万 m^3，D3 库容 1382 万 m^3，D5 库容 1933 万 m^3，为主要调蓄水库，其他为调水的中继水库。从卫星影像判断，部分水库可拦蓄天然径流，来水补给条件好。水库的主要技术指标如表 3.15 所示。

主要调蓄水库方案三维地形如图 3.31 所示。

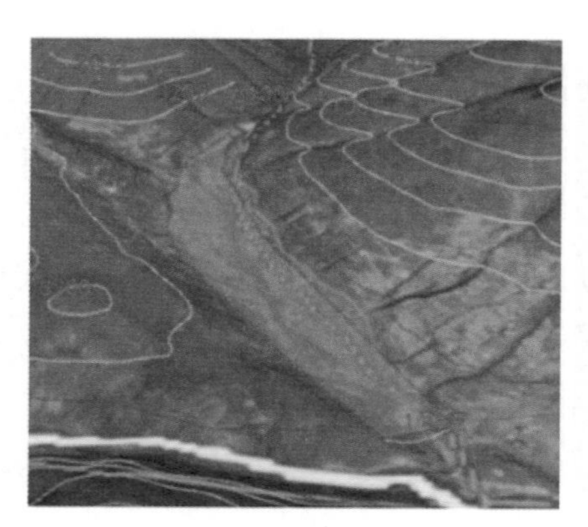

（a）D1 水库

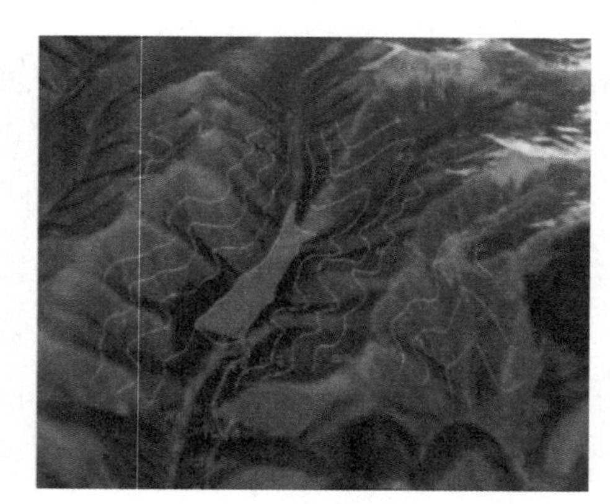

（b）D3 水库

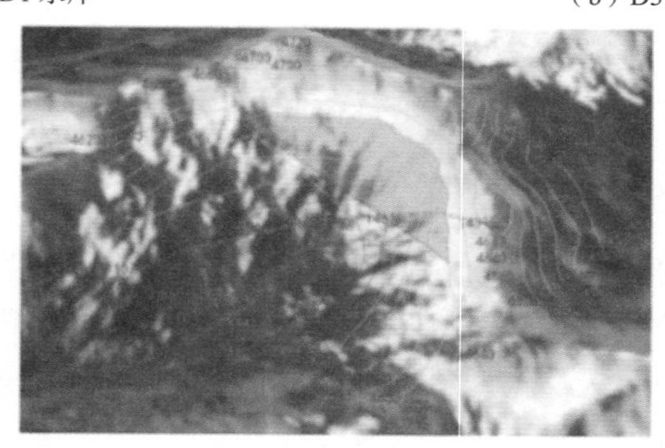

（c）D7 水库

图 3.31　YD3 通道主要调蓄水库的三维地形示意

表 3.15 YD3 通道水库工程的主要参数

项目	D1	D2	D3	D4	D5	D6	D7
蓄水位（m）	3050	3600	3600	4000	4000	4600	4600
坝长（m）	301	638	456	782	431	977	908
坝高（m）	39	149	100	125	100	62	100
库容（万 m^3）	2023	707	1382	545	1933	140	836

3.6.4.2 引水工程

该跨越段累计线路长度（含水库）约 48km，其中建设压力管道 16.5km，明渠 25.9km。工程由 3 段提水段、4 段自流及发电段组成，包括沿 3600、4000、4600、4500m 等高线的多段自流明渠，总长度分别是 6.4、6.6、1.6、11.3km，并有 4 处建设 U 形钢管道跨越河谷、山谷等。

引水工程路径地理位置和纵剖面示意如图 3.32 和图 3.33 所示。

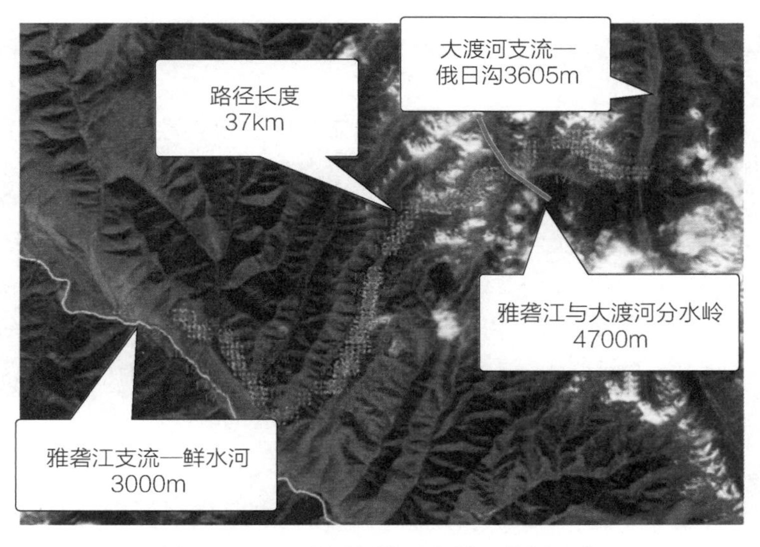

图 3.32 YD3 调水通道路径地理位置示意

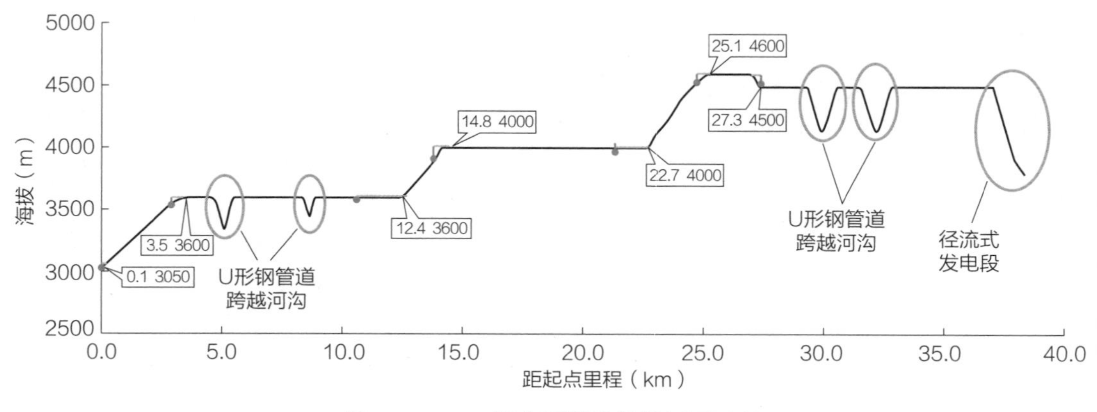

图 3.33 YD3 调水通道路径纵剖面示意

3.6.4.3 抽水和发电工程

整个通道共计建设 3 座抽水电站和 1 座发电站工程，按照通道年调水 70 亿 m^3 计算，抽水电站总装机容量 1044 万 kW，发电站总装机容量 579 万 kW。

不考虑工程水库汇集天然水量的条件下，经测算，通道调水的年用电量 313 亿 kWh，发电量 319 亿 kWh，发电量超过用电量，综合能效 101.9%。YD3 通道提水和发电工程的主要参数见表 3.16。

表 3.16 YD3 通道提水和发电工程的主要参数

项目	D2 站	D3 站	D4 站	D5 站	D6 站	D7 站	俄日沟
提水高度（m）	550	—	400	—	600	—	—
落差（m）	—	—	—	—	—	—	895
距高比	5.5	—	3.9	—	3.9	—	—
装机容量（万 kW）	370	1.7	269	—	404	342	237

3.6.5 中 2 通道方案（YD4）

从鲜水河道孚县览村处作为取水起点，海拔 2900m；受水点为大渡河支流勒斯扎河下游段，海拔 2760m。从取水点到受水点没有可以直接连通的等高线自流路径，因此，考虑建设多个梯级抽水电站，先向东北方向沿鲜水河河道度过道孚县继续东偏北2km，提水1500m到达4400m的雪山山顶，沿山脊向东偏北方向，借助山势保持高度，在近革斯扎河附近雪山，设置径流式高水头发电利用落差势能，调水进入革斯扎河，再随革斯扎河河道进入大渡河干流。

该跨越段全程共规划7个水库，总库容17598万m^3。累计线路长度（含水库）约78km，其中建设隧道2.8km，压力管道18.3km，明渠37.3km。工程由3段提水段、4段自流及发电段组成，包括沿2930、3300、4400、3700、3000m等高线的四段自流明渠，总长度分别是6.9、2.4、21.8、6.2km，并有2处建设U形钢管道跨越河谷、山谷等。

整个通道共计建设3座抽水电站和2座发电站工程，按照通道年调水70亿m^3计算，抽水电站总装机容量1010万kW，发电站总装机容量484万kW。不考虑工程水库汇集天然水量的条件下，经测算，通道调水的年用电量303亿kWh，发电量266亿kWh，综合能效87.8%。

3.6.6 中3通道方案（YD5）

以鲜水河汇入雅砻江干流处的两江口水库作为取水点，位于四川省甘孜藏族自治州雅江县瓦多乡向南3km处，海拔2800m；受水点为大渡河支流东谷河上游段，海拔3420m。从取水点到受水点没有可以直接连通的等高线自流路径，因此，考虑建设多个梯级抽水电站，建设3个梯级抽水电站，抽水1750m，向东北到达大渡河流域，流过山顶相对平坦地区，在得扯隆巴山附近、庆达河和东谷河分别设置一个径流式发电利用落差势能，三个发电段之间借助连绵山势建设自流明渠，从而实现雅砻江水调入东谷河，再通过东谷河河道流入大渡河干流。

该跨越段全程共规划8个水库，总库容1.01亿m^3。累计线路长度（含水库）约77km，其中建设隧洞11.4km，压力管道14.1km，明渠44.7km。工程由4段提水段、5段自流及发电段组成，包括沿4450、3800、3600m等高线的三段自流明渠，总长度分别是5.2、21.4、18.1km。

整个通道共计建设4座抽水电站和3座发电站工程，按照通道年调水100亿m^3计算，抽水电站总装机容量1780万kW，发电站总装机容量1269万kW。不考虑工程水库汇集天然水量的条件下，经测算，通道调水的年用电量533亿kWh，发电量698亿kWh，发电量超过用电量，综合能效 131.0%。

3.6.7 南通道方案（YD6）

以九龙河汇入雅砻江干流处的水库作为取水点，位于四川省甘孜州九龙县色洛村向南 1km 处，海拔 2100m；受水点为大渡河干流下游段，位于四川省雅安市石棉县安顺场镇下游 1km，海拔 1571m。从取水点到受水点没有可以直接连通的等高线自流路径，因此，考虑建设多个梯级抽水电站，建设 3 个梯级抽水电站，抽水 2000m，北偏东到达大菩萨山顶，借助山势保持高度，在大渡河支流安顺河起源处设置径流式高水头发电利用落差势能，后延安顺河河道调水入大渡河干流，并在其中设置两级发电机组。

该跨越段全程共规划 8 个水库，总库容 7.73 亿 m^3。累计线路长度（含水库）约 141km，其中建设隧洞 3.9km，压力管道 12.9km，明渠 116.1km。工程由 3 段提水段、6 段自流及发电段组成，包括沿 4000、3400、2100、1600m 等高线的多段自流明渠，总长度分别是 52、26.5、23.7、13.9km，并有 1 处建设 U 形钢管道跨越山谷。

整个通道共计建设 3 座抽水电站和 5 座发电站工程，按照通道年调水 68 亿 m^3 计算，抽水电站总装机容量 1243 万 kW，发电站总装机容量 812 万 kW。不考虑工程水库汇集天然水量的条件下，经测算，通道调水的年用电量 372 亿 kWh，发电量 454 亿 kWh，发电量超过用电量，综合能效 122.0%。

3.6.8 建设条件分析

3.6.8.1 保护区分布

YD2、YD3 调水通道沿线途经卡娘县级保护区、泰宁玉科保护区等，YD1、YD4、YD5、YD6 通道沿线规避了多个自然生态系统类与野生生物类保护区。总体判断，六条通道受保护区的限制影响可控，相对而言 YD1、YD4、YD5、YD6 好于 YD2、YD3。雅砻江至大渡河六条调水通道所在区域的保护区分布情况如图 3.34 所示，主要保护区信息如表 3.17 所示。

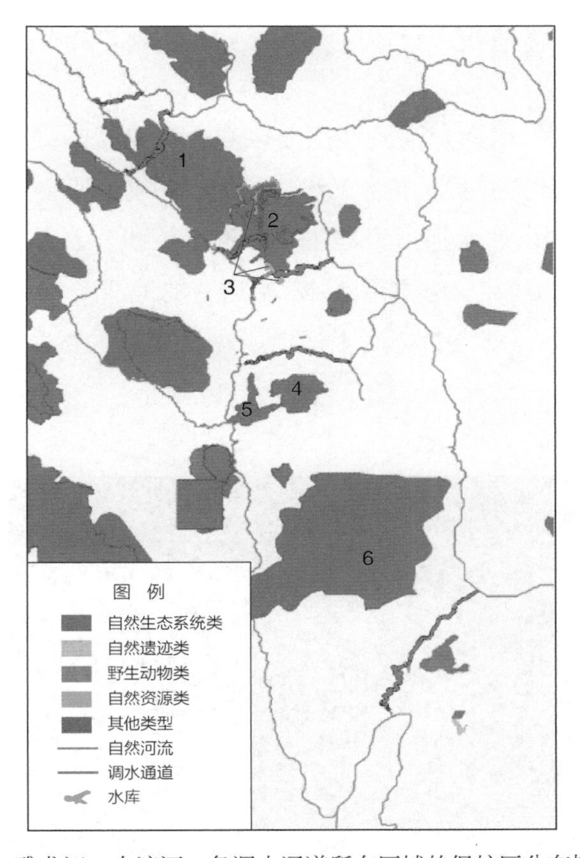

图 3.34 雅砻江—大渡河 6 条调水通道所在区域的保护区分布情况示意

表 3.17 雅砻江—大渡河 6 条调水通道所在区域的主要保护区情况

序号	保护区名称	保护区类别	调水影响关系
1	卡娘县级保护区	自然生态系统类	途经区内，难以规避
2	四川省泰宁玉科自然保护区	自然生态系统类	已规避
3	道孚县水源地保护区	自然资源类	已规避
4	四川亿比措湿地自然保护区	自然生态系统类	已规避
5	四川雅江庆达沟森林公园	自然生态系统类	已规避
6	四川贡嘎山自然保护区	自然生态系统类	已规避

3.6.8.2 岩层与地震情况

YD1、YD2、YD3 调水通道沿线主要以混合沉积岩与硅质碎屑沉积岩为主；YD4、YD5 调水通道沿线主要以混合沉积岩、硅质碎屑沉积岩以及酸性深成岩为主，岩层结构较稳定；YD6 调水通道沿线主要以混合沉积岩、基性深成岩、硅质碎屑沉积岩为主，岩层结构稳定。总体判断，六条通道的地质条件尚可，相对而言 YD4、YD5、YD6 好于 YD1、YD2、YD3。调水通道所在区域的主要岩层分布情况如图 3.35 所示。

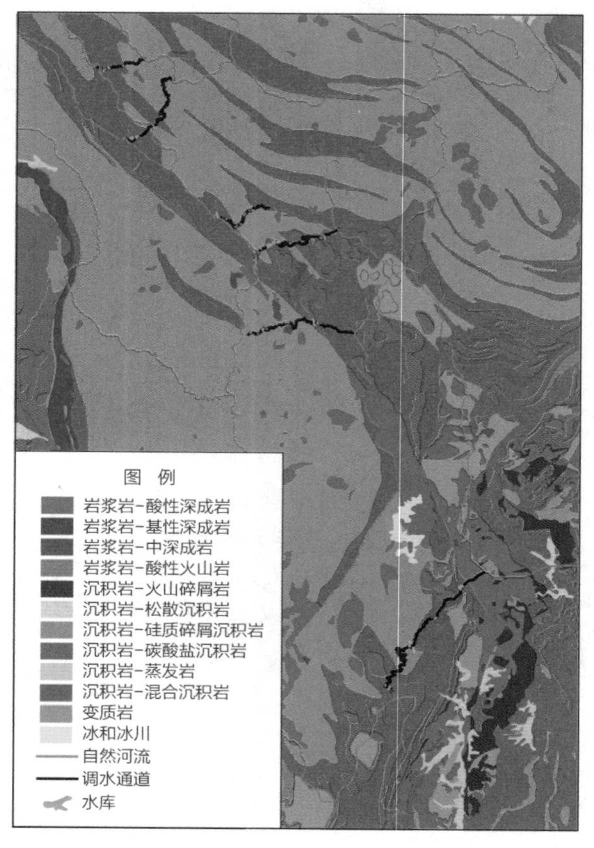

图 3.35 雅砻江—大渡河 6 条调水通道所在区域的主要岩层分布情况示意

雅砻江上游、大渡河中上游区域历史地震高发，但 YD1、YD4 调水通道沿线的地质结构稳定，从历史统计来看，库区坝址大型历史地震记录较少，区域构造稳定性好；YD2、YD3、YD5、YD6 调水通道已基本规避历史地震高发区，个别坝址距离在地质断层与构造板块边界附近。总体判断，六条通道的地质稳定性尚可，相对而言 YD1、YD4 好于 YD2、YD3、YD5、YD6。调水通道所在区域的地质断层分布和历史地震情况示意如图 3.36 所示。

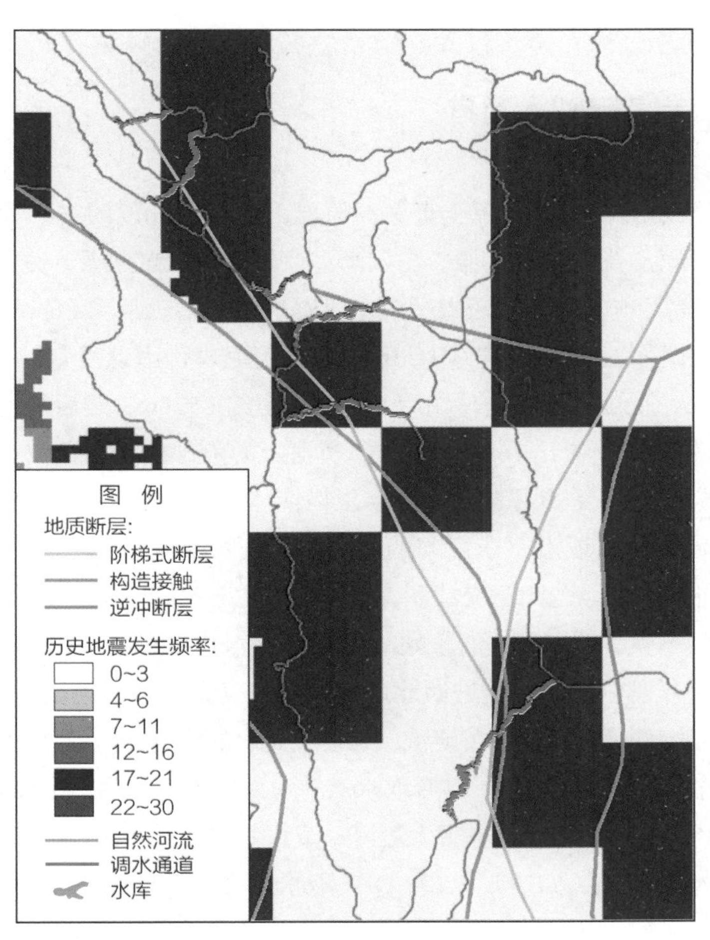

图 3.36 雅砻江—大渡河 6 条调水通道所在区域的主要断层分布和历史地震情况示意

3.7 长江—黄河、黄河上游调水通道

3.7.1 总体布局

3.7.1.1 长江—黄河调水通道

黄河是我国第二长河，发源于青藏高原巴颜喀拉山北麓约古宗列盆地，蜿蜒东流，穿越黄土高原及黄淮海大平原，注入渤海。从地理位置来看，黄河上游（包括河源区）流经青藏高原与黄土高原交接地带，地质条件复杂。河源区黄河自西向东流动，流出扎陵湖后在玛多县附近海拔约 4170m，流经阿尼玛卿山急拐弯转向西北，在玛曲县海拔约 3380m，继续向北至龙羊峡后，海拔降至约 2570m，然后河道继续拐弯向东流，至刘家峡后，海拔降至 1690m 左右。黄河上游大部位于青藏“歹”字型构造体系的首部，龙羊峡以下受祁吕贺“山”字型构造体系的控制，地壳扭曲，褶皱发育，形成了一系列走向北西或近乎东西向的大山。黄河流经这些山谷或沿着较大断裂发育，其水流方向多与山地走向正交或斜交，河谷忽宽忽窄，出现川峡相间的河谷形态。河段内已建成龙羊峡、李家峡、刘家峡等水电站及水利枢纽，正在建设羊曲、玛尔挡等水电站。黄河开发建设，对促进西北地区工农业发展起到了重要的作用。

根据前述研究，长江流域—黄河流域跨流域调水规模为 400 亿 m^3，综合考虑单通道调水规模，考虑设计 7 条通道。结合取水点的水量和高程条件、受水点的高程和 2 个流域分水岭近区地形地貌特点，考虑大渡河—黄河北向通道（DH1-DH5）、金沙江—黄河（JH1）、雅砻江—黄河（YH1）。其中，DH1 取水点为四川省阿坝县下尔呷水库；DH2、DH3 取水点为四川省马尔康县卜寺沟水库；DH4 取水点为四川省马尔康县新建拦水坝；DH5 取水点为四川省康定县东侧水库；JH1 取水点为青海玉树通天河西绒水库；YH1 取水点为青海德格县三岔河仁青岭水库。DH1-DH4 四个通道分别调水 60 亿 m^3，DH5 通道调水 113 亿 m^3，JH1 通道调水 27 亿 m^3，YH1 通道调水 20 亿 m^3。

3.7.1.2 黄河上游调水通道

长江—黄河 7 条调水工程入水点分布在从玛多县至玛曲县约 700km 长的黄河上游河道，此段河道平均年径流量不超过 150 亿 m^3，注入水量可能对当地产生较大影响。因此，考虑开通从玛曲县至刘家峡的人工河道，调水 200 亿 m^3，分担自然河道的压力。

结合取水点的水量和高程条件、受水点的高程和当地地形地貌特点，考虑取水点为玛尔挡水电站（取水 200 亿 m^3），分别注入莫曲沟、隆务河和大夏河 3 条黄河支流，进入李家峡、公伯峡和刘家峡水库，降低大量来水对自然河道的影响。从调研情况来看，起点的黄河拐弯区域几乎全部被保护区覆盖，包括三江源保护区、泽库泽曲国家森林公园等（具体内容见 3.7.12）。因此，该跨流域段暂时不考虑保护区制约。

长江—黄河调水通道及黄河上游跨流域段共计 10 个通道及其取、受水点示意如图 3.37 所示。

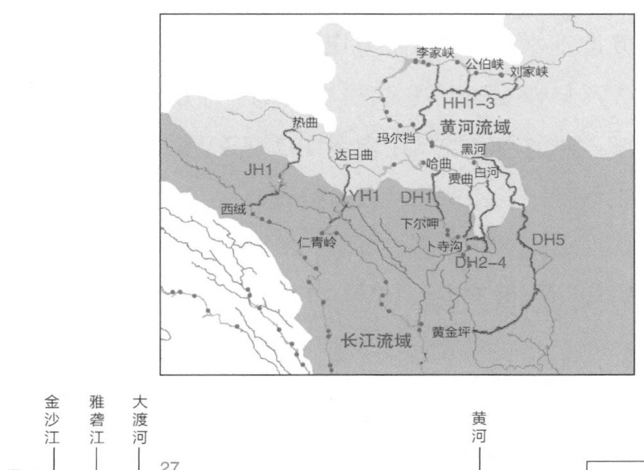

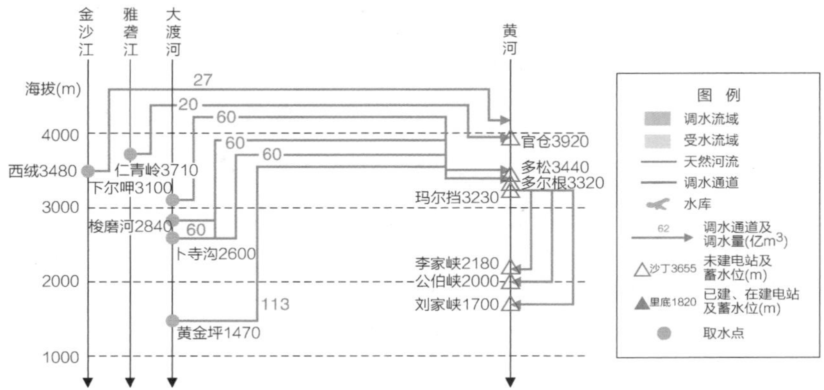

图 3.37 长江—黄河跨流域调水示意

3.7.2 金沙江—黄河通道方案（JH1）

从金沙江作为取水起点，选自青海玉树通天河西绒水库，取水点高程 3480m，受水点为玛多县热曲汇入黄河处，高程为 4160m。从取水点到受水点没有可以直接连通的等高线自流路径，因此，考虑建设多个梯级抽水电站，向北引水到达黄河流域，沿线在合适高程建设多段自流明渠，沿途设置多个径流式高水头水力发电，充分利用提水产生的势能，将金沙江水调入黄河。

该跨越段全程共规划 9 个水库，总库容 13.6 亿 m^3。累计线路长度（含水库）约 335.4km，其中隧洞 3.3km，建设压力管道 84.3km，明渠 143.9km，天然河道 10.9km。工程由 7 段提水段、3 段自流及发电段组成，包括沿 4700、4580m 等高线的两段自流明渠，总长度分别是 68.3、75.6km，并有 4 处建设 U 形钢管道跨越河谷、山谷等。

整个通道共计建设 7 座抽水电站和 3 座发电站工程，按照通道年调水 27 亿 m^3 计算，抽水电站总装机容量 602 万 kW，发电站总装机容量 117 万 kW。不考虑工程水库汇集天然水量的条件下，经测算，通道调水的年用电量 132 亿 kWh，发电量 64 亿 kWh，综合能效 49%，主要原因是工程受水点比取水点高 680m。

3.7.3 雅砻江—黄河通道方案（YH1）

从雅砻江作为取水起点，选自青海德格县三岔河仁青岭水库，取水点高程 3710m，受水点为达日县内达日河汇入黄河处，高程为 3940m。从取水点到受水点没有可以直接连通的等高线自流路径，因此，考虑建设多个梯级抽水电站，向北引水到达黄河流域，沿线在合适高程建设多段自流明渠，沿途设置多个径流式高水头水力发电，充分利用提水产生的势能，将雅砻江水调入黄河。

3.7.3.1 水库工程

全程共规划 8 个水库，总库容 6.45 亿 m^3。坝长最长 4113m，坝高最高 136m，最高的蓄水位在4370m，最低的蓄水位3980m，终点比起点高230m，水库间最大落差660m。其中，D3库容11135万m^3，D5库容14797万m^3，D6库容20046万m^3，D7库容15227万m^3，为主要调蓄水库，其他为调水的中继水库。从卫星影像判断，部分水库可拦蓄天然径流，来水补给条件好。水库的主要技术指标如表3.18所示。

表3.18 YH1通道水库工程的主要参数

项目	D1	D2	D3	D4	D5	D6	D7	D8
蓄水位（m）	4370	4370	3980	4330	4330	4330	4280	4130
坝长（m）	628	535	796	329	748	1473	4113	239
坝高（m）	131	136	131	64	134	135	104	12
库容（万m^3）	1013	1538	11135	73	14797	20046	15227	662

主要调蓄水库方案三维地形如图3.38所示。

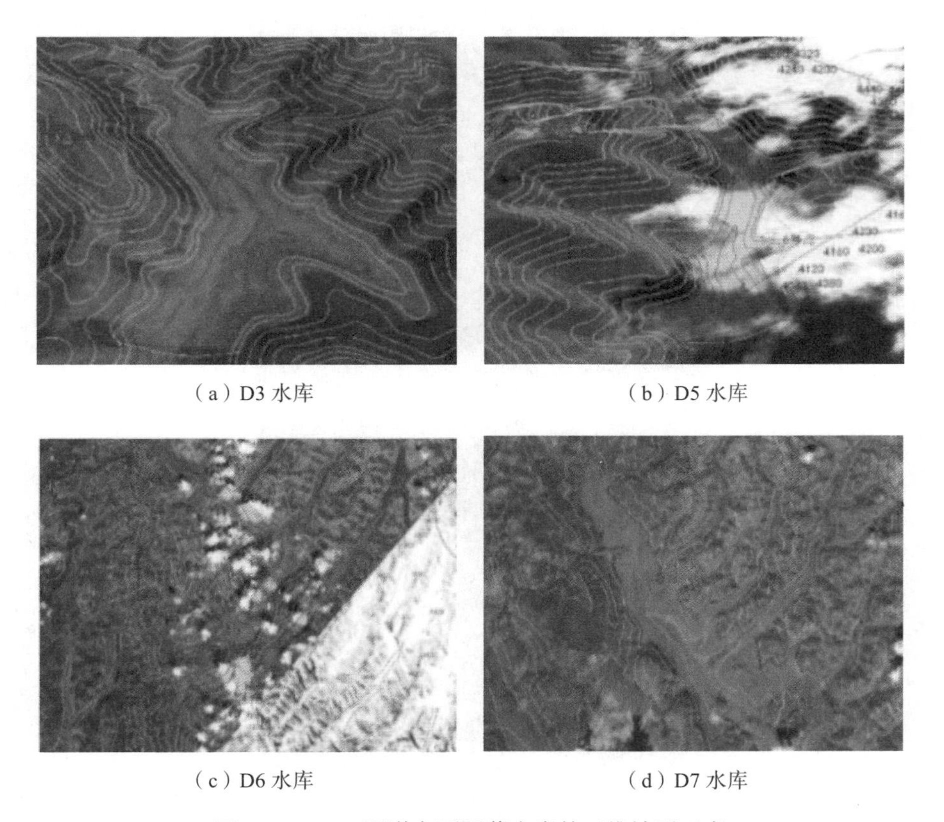

（a）D3水库 （b）D5水库

（c）D6水库 （d）D7水库

图3.38 YH1通道主要调蓄水库的三维地形示意

3.7.3.2 引水工程

该跨越段累计线路长度（含水库）约 179.6km，其中隧洞 39.4km，建设压力管道 16.8km，明渠 57.6km。工程由 2 段提水段、7 段自流及发电段组成，包括沿 4330、4280、4130m 等高线的三段自流明渠，总长度分别是 7.8、23.2、26.6km，并有 1 处建设 U 形钢管道跨越山谷。

引水工程路径地理位置和纵坡面示意如图 3.39 和图 3.40 所示。

图 3.39 YH1 调水通道路径地理位置示意

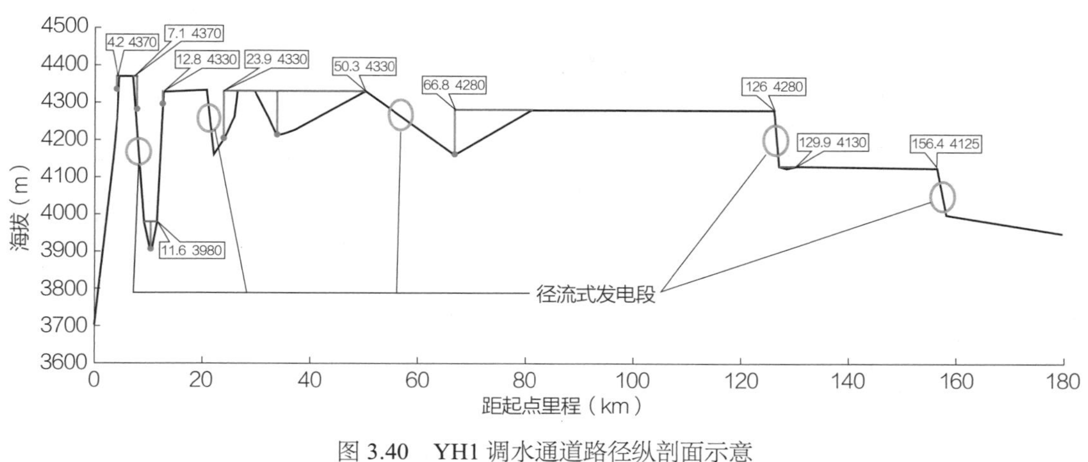

图 3.40 YH1 调水通道路径纵剖面示意

3.7.3.3 抽水和发电工程

整个通道共计建设 2 座抽水电站和 7 座发电站工程，按照通道年调水 20 亿 m^3 计算，抽水电站总装机容量 265 万 kW，发电站总装机容量 66 万 kW。YH1 通道提水和发电工程的主要参数见表 3.19。

表 3.19 YH1 通道提水和发电工程的主要参数

项目	D1 站	D2 站	D3 站	D4 站	D5 站	D6 站	D7 站	D8 站	黄河
提水高度（m）	660	0	0	350	0	0	0	0	0
落差（m）	0	0	390	0	0	0	50	150	190
距高比	6.7	—	—	2.9	—	—	—	—	—
装机容量（万 kW）	173	0	33	92	0	0	4	13	16

不考虑工程水库汇集天然水量的条件下，经测算，通道调水的年用电量 58 亿 kWh，发电量 36 亿 kWh，综合能效 62%，主要原因是工程受水点比取水点高 230m。

3.7.4 大渡河—黄河北 1 通道方案（DH1）

从大渡河作为取水起点，选自四川省阿坝县下尔呷水库，取水点高程 3100m，受水点为久治县内哈曲汇入黄河处，高程为 3500m。从取水点到受水点没有可以直接连通的等高线自流路径，因此，考虑建设多个梯级抽水电站，向北引水到达黄河流域，沿线在合适高程建设多段自流明渠，沿途设置多个径流式高水头水力发电，充分利用提水产生的势能，将大渡河水调入黄河。

该跨越段全程共规划 8 个水库，总库容 22.46 亿 m^3。累计线路长度（含水库）约 170.5km，其中隧洞 3.9km，建设压力管道 23.1km，明渠 79.8km。工程由 6 段提水段、3 段自流及发电段组成，包括沿 4200、3950m 等高线的两段自流明渠，总长度分别是 11.2、68.6km。

整个通道共计建设 6 座抽水电站和 3 座发电站工程，按照通道年调水 60 亿 m^3 计算，抽水电站总装机容量 1180 万 kW，发电站总装机容量 279 万 kW。不考虑工程水库汇集天然水量的条件下，经测算，通道调水的年用电量 259 亿 kWh，发电量 154 亿 kWh，综合能效 59%，主要原因是工程受水点比取水点高 450m。

3.7.5 大渡河—黄河北 2 通道方案（DH2）

从大渡河作为取水起点，选自四川省马尔康县卜寺沟水库，取水点高程 2600m，受水点为玛曲县内贾曲汇入黄河处，高程为 3410m。从取水点到受水点没有可以直接连通的等高线自流路径，因此，考虑建设多个梯级抽水电站，向北引水到达黄河流域，沿线在合适高程建设多段自流明渠，沿途设置多个径流式高水头水力发电，充分利用提水产生的势能，将大渡河水调入黄河。

该跨越段全程共规划 11 个水库，总库容 3.71 亿 m^3。累计线路长度（含水库）约 156.4km，其中隧洞 14.8km，建设压力管道 26.2km，明渠 58.4km。工程由 4 段提水段、8 段自流及发电段组成，包括沿 3430、3300、3640m 等高线的三段自流明渠，总长度分别是 5、32.3、21.1km，并有 8 处建设 U 形钢管道跨越河谷、山谷等。

整个通道共计建设 4 座抽水电站和 8 座发电站工程，按照通道年调水 60 亿 m^3 计算，抽水电站总装机容量 1432 万 kW，发电站总装机容量 198 万 kW。不考虑工程水库汇集天然水量的条件下，经测算，通道调水的年用电量 315 亿 kWh，发电量 109 亿 kWh，综合能效 35%，主要原因是工程受水点比取水点高 810m。

3.7.6 大渡河—黄河北 3 通道方案（DH3）

从大渡河作为取水起点，选自四川省马尔康县卜寺沟水库，取水点高程 2600m，受水点为若尔盖县内白河汇入黄河处，高程为 3400m。从取水点到受水点没有可以直接连通的等高线自流路径，因此，考虑建设多个梯级抽水电站，向北引水到达黄河流域，沿线在合适高程建设多段自流明渠，沿途设置多个径流式高水头水力发电，充分利用提水产生的势能，将大渡河水调入黄河。

3.7.6.1 水库工程

全程共规划 5 个水库，总库容 9.87 亿 m^3。坝长最长 1025m，坝高最高 136m，最高的蓄水位在 4010m，最低的蓄水位 2760m，终点比起点高 800m，水库间最大落差 720m。其中，D1 库容 65228 万 m^3，D5 库容 26687 万 m^3，为主要调蓄水库，其他为调水的中继水库。从卫星影像判断，部分水库可拦蓄天然径流，来水补给条件好。水库的主要技术指标如表 3.20 所示。

表 3.20 DH3 通道水库工程的主要参数

项目	D1 站	D2 站	D3 站	D4 站	D5 站
蓄水位（m）	2760	3290	3290	4010	4000
坝长（m）	411	475	523	489	1035
坝高（m）	136	97	128	130	130
库容（万 m^3）	65228	334	5485	1007	26687

主要调蓄水库方案三维地形如图 3.41 所示。

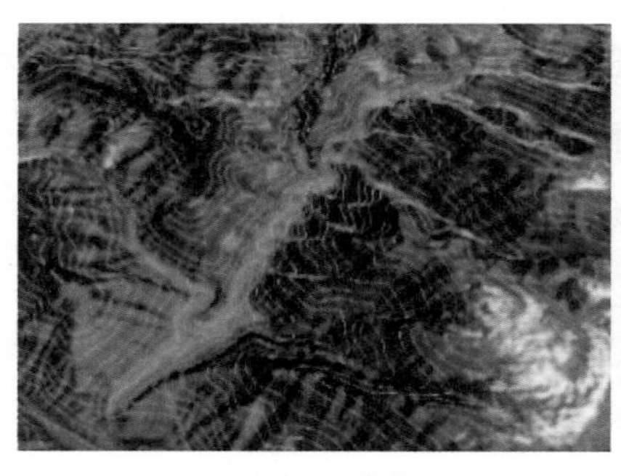

（a）D1 水库

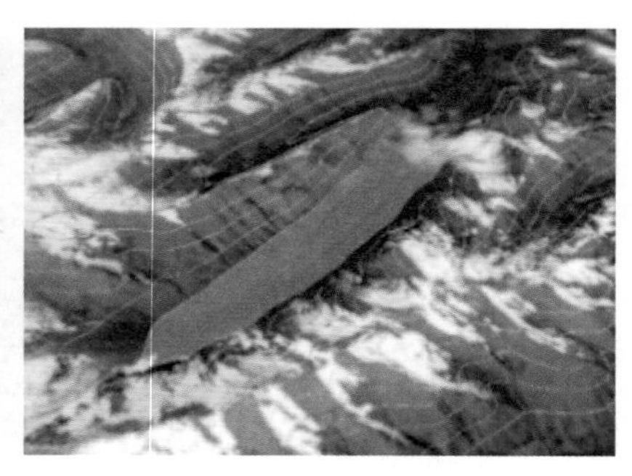

（b）D5 水库

图 3.41 DH3 通道主要调蓄水库的三维地形示意

3.7.6.2 引水工程

该跨越段累计线路长度（含水库）约 248.4km，其中隧洞 3.9km，建设压力管道 13.7km，明渠 86km。工程由 3 段提水段、3 段自流及发电段组成，包括沿 3290、4000m 等高线的两段自流明渠，总长度分别是 25.5、60.5km，并有 4 处建设 U 形钢管道跨越河谷、山谷等。

引水工程路径地理位置和纵坡面示意如图 3.42 和图 3.43 所示。

图 3.42 DH3 调水通道路径地理位置示意

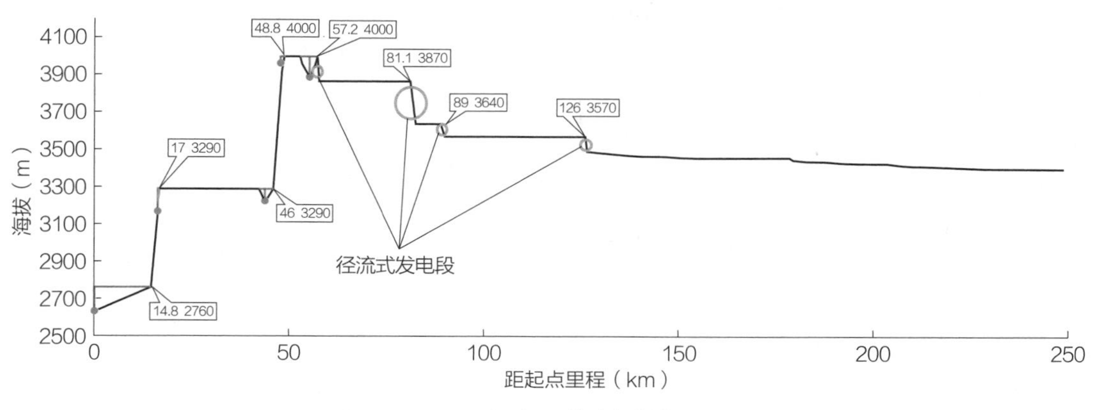

图 3.43 DH3 调水通道路径纵剖面示意

3.7.6.3 抽水和发电工程

整个通道共计建设 3 座抽水电站和 3 座发电站工程，按照通道年调水 60 亿 m^3 计算，抽水电站总装机容量 1109 万 kW，发电站总装机容量 155 万 kW。

不考虑工程水库汇集天然水量的条件下，经测算，通道调水的年用电量 244 亿 kWh，发电量 85 亿 kWh，综合能效 35%，主要原因是工程受水点比取水点高 800m。DH3 通道提水和发电工程的主要参数见表 3.21。

表 3.21 DH3 通道提水和发电工程的主要参数

项目	D1 站	D2 站	D3 站	D4 站	D5 站	黄河
提水高度（m）	160	530	0	720	0	0
落差（m）	0	0	0	0	10	600
距高比	1.9	3.7	—	2.9	—	—
装机容量（万 kW）	126	417	0	566	3	152

3.7.7 大渡河—黄河北 4 通道方案（DH4）

从大渡河作为取水起点，选自四川省马尔康县新建拦水坝，取水点高程 2960m，受水点为若尔盖县内白河汇入黄河处，高程为 3400m。从取水点到受水点没有可以直接连通的等高线自流路径，因此，考虑建设多个梯级抽水电站，向北引水到达黄河流域，沿线在合适高程建设多段自流明渠，沿途设置多个径流式高水头水力发电，充分利用提水产生的势能，将大渡河水调入黄河。

该跨越段全程共规划 9 个水库，总库容 8.35 亿 m^3。累计线路长度（含水库）约 46.2km，其中隧洞 13.9km，建设压力管道 10.3km。工程由 3 段提水段、8 段自流及发电段组成，并有 4 处建设 U 形钢管道跨越河谷、山谷等。

整个通道共计建设 3 座抽水电站和 6 座发电站工程，按照通道年调水 60 亿 m^3 计算，抽水电站总装机容量 1282 万 kW，发电站总装机容量 302 万 kW。不考虑工程水库汇集天然水量的条件下，经测算，通道调水的年用电量 282 亿 kWh，发电量 166 亿 kWh，综合能效 59%，主要原因是工程受水点比取水点高 440m。

3.7.8 大渡河—黄河南通道方案（DH5）

从大渡河作为取水起点，选自四川省康定县城东黄金坪河道，取水点高程 1390m，受水点为玛曲县黑河汇入黄河处，高程为 3380m。从取水点到受水点没有可以直接连通的等高线自流路径，因此，考虑建设多个梯级抽水电站，向北引水到达黄河流域，沿线在合适高程建设多段自流明渠，沿途设置多个径流式高水头水力发电，充分利用提水产生的势能，将大渡河水调入黄河。

3.7.8.1 水库工程

全程共规划 16 个水库，总库容 8.93 亿 m^3。坝长最长 881m，坝高最高 211m，最高的蓄水位在 3700m，最低的蓄水位 1200m，终点比起点高 1990m，水库间最大落差 800m。其中，D6 库容 17117 万 m^3，D7 库容 13012 万 m^3，D8 库容 18395 万 m^3，D15 库容 11654 万 m^3。从卫星影像判断，部分水库可拦蓄天然径流，来水补给条件好。水库的主要技术指标如表 3.22 所示。

表 3.22 DH5 通道水库工程的主要参数

项目	D1	D2	D3	D4	D5	D6	D7	D8
蓄水位（m）	2000	2600	3200	2400	1600	1600	1200	1200
坝长（m）	388	454	366	606	499	853	656	494
坝高（m）	90	130	65	145	175	211	138	79
库容（万 m^3）	177	346	61	2345	6965	17117	13012	18395
项目	D9	D10	D11	D12	D13	D14	D15	D16
蓄水位（m）	1850	2500	2500	3000	3500	3500	3600	3700
坝长（m）	332	260	881	357	419	707	901	557
坝高（m）	100	101	36	98	101	84	100	45
库容（万 m^3）	456	144	9321	280	190	7609	11654	1227

主要调蓄水库方案三维地形如图 3.44 所示。

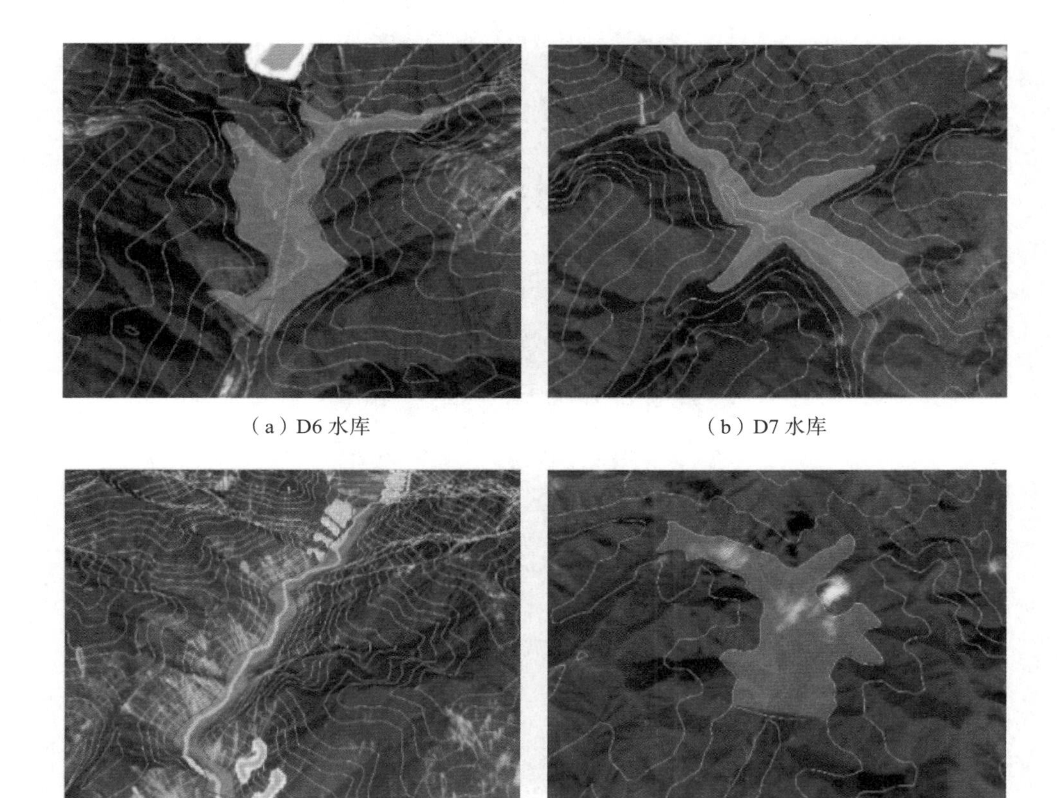

（a）D6 水库 （b）D7 水库

（c）D8 水库 （d）D15 水库

图 3.44 DH5 通道主要调蓄水库的三维地形示意

3.7.8.2 引水工程

该跨越段累计线路长度(含水库)约883km,其中隧洞52.3km,建设压力管道51km,明渠588.9km。工程由9段提水段、8段自流及发电段组成，包括沿3200、2400、1600、1200、2500、3500、3700m等高线的多段自流明渠，总长度分别是7.4、11.8、72.8、201、112.3、80.8、102.8km，并有6处建设U形钢管道跨越山谷。

引水工程路径地理位置和纵坡面示意如图3.45和图3.46所示。

图3.45 DH5调水通道路径地理位置示意

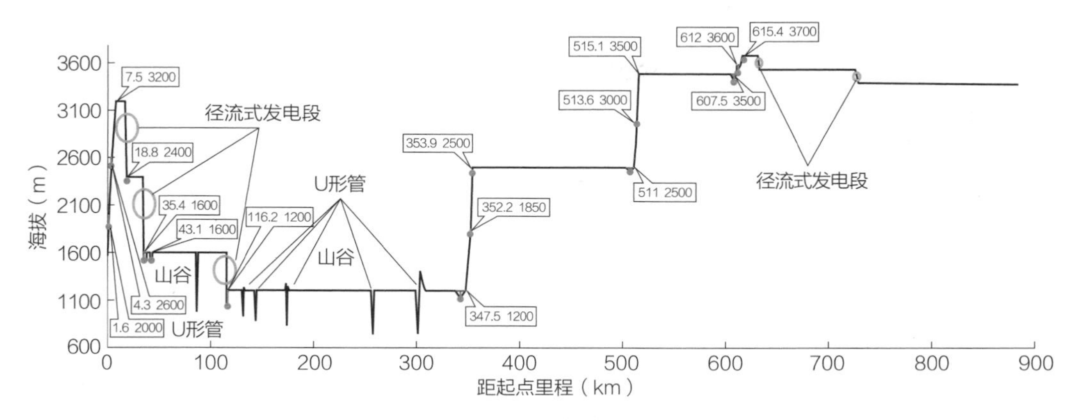

图 3.46 DH5 调水通道路径纵剖面示意

3.7.8.3 抽水和发电工程

整个通道共计建设 9 座抽水电站和 8 座发电站工程，按照通道年调水 113 亿 m^3 计算，抽水电站总装机容量 6384 万 kW，发电站总装机容量 1109 万 kW。

不考虑工程水库汇集天然水量的条件下，经测算，通道调水的年用电量 1404 亿 kWh，发电量 610 亿 kWh，综合能效 44%，主要原因是工程受水点比取水点高 1990m。

通道提水和发电工程的主要参数见表 3.23。

表 3.23 DH5 通道提水和发电工程的主要参数

项目	D1 站	D2 站	D3 站	D4 站	D5 站	D6 站	D7 站	D8 站	D9 站
提水高度（m）	610	600	600	0	0	0	0	0	650
落差（m）	0	0	0	800	800	0	400	0	0
距高比	3.2	4.1	5	—	—	—	—	—	6.5
装机容量（万 kW）	904	889	889	382	382	0	191	0	963

项目	D10 站	D11 站	D12 站	D13 站	D14 站	D15 站	D16 站	黄河
提水高度（m）	650	0	500	500	0	100	100	0
落差（m）	0	0	0	0	0	0	0	320
距高比	2.2	—	4.5	2.7	—	3.8	15.8	—
装机容量（万 kW）	963	0	741	741	0	148	148	153

3.7.9 玛尔挡—李家峡通道方案（HH1）

从黄河干流玛沁县的玛尔挡水电站作为取水起点，海拔 3230m；受水点为青海贵德县李家峡水库，水库正常蓄水位 2180m。从取水点到受水点没有可以直接连通的等高线自流路径。因此，考虑建设多个梯级抽水电站，向北穿越扎日假山（海拔 4350m），借助黄河支流泽曲西侧山势，选择合适高程建设自流明渠，先后跨越黄河支流巴曲、茫拉河后，在夏德日山附近设置径流式高水头水力发电，充分利用提水产生的势能，注入莫曲沟河（西河），并在莫曲沟河上建设多级梯级电站充分利用水能发电，最后注入黄河干流李家峡水库。

3.7.9.1 水库工程

全程共规划 12 个水库，总库容 8 亿 m³。坝长最长 2169m，坝高最高 160m，最高的蓄水位在 3900m，最低的蓄水位 2650m，终点比起点低 1050m，水库间最大落差 490m。其中，D3 位于黄河支流巴曲源头的河道上，库容 6983 万 m³，D5 位于黄河支流芒拉河源头的河道上，库容 8643 万 m³，D8～D12 位于黄河支流莫曲沟河河道上，依次建设 5 级梯级水库，库容分别为 21750 万、12705 万、9228 万、5298 万、13916 万 m³，为主要调蓄水库，其他为调水的中继水库。从卫星影像判断，部分水库可拦蓄天然径流，来水补给条件好。水库的主要技术指标如表 3.24 所示。

表 3.24 HH1 通道水库工程的主要参数

项目	D1	D2	D3	D4	D5	D6	D7	D8	D9	D10	D11	D12
蓄水位（m）	3580	3900	3570	3900	3550	3900	3630	3580	3420	3260	3125	2650
坝长（m）	266	362	2169	246	1917	441	259	668	692	563	513	752
坝高（m）	30	80	35	40	40	70	50	160	160	130	95	100
库容（万 m³）	61	215	6983	63	8643	341	836	21750	12705	9228	5298	13916

主要调蓄水库方案三维地形如图 3.47 所示。

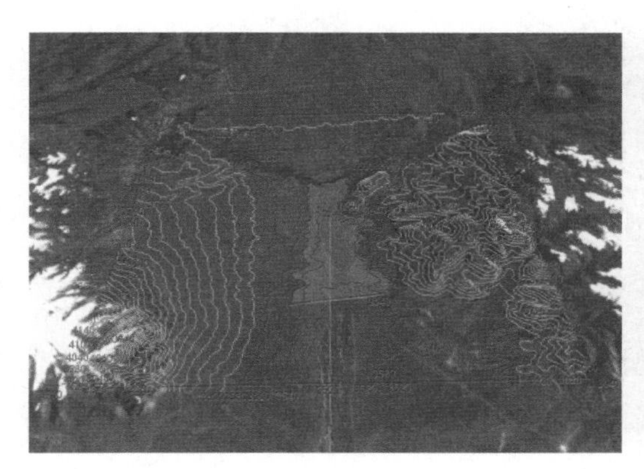

（a）D3 水库

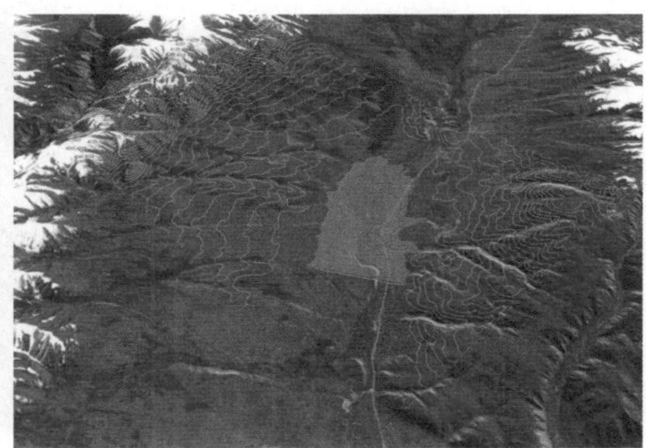

（b）D5 水库

（c）D8 ~ D11 梯级水库

图 3.47　HH1 通道主要调蓄水库的三维地形示意

3.7.9.2　引水工程

该跨越段累计线路长度（含水库）约 300km，其中建设隧洞 15.7km，压力管道 23km，明渠 184.8km。工程由 4 段提水段、9 段自流及发电段组成，包括沿 3900m 等高线的两段自流明渠，总长度分别是 162.8、22km。

引水工程路径地理位置和纵坡面示意如图 3.48 和图 3.49 所示。

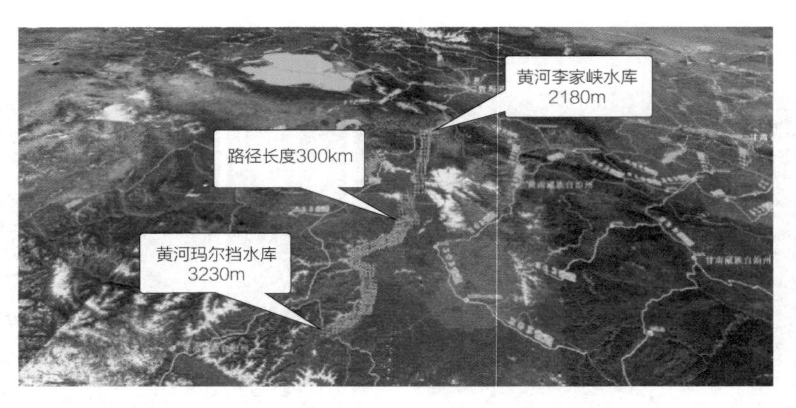

图 3.48 HH1 调水通道路径地理位置示意

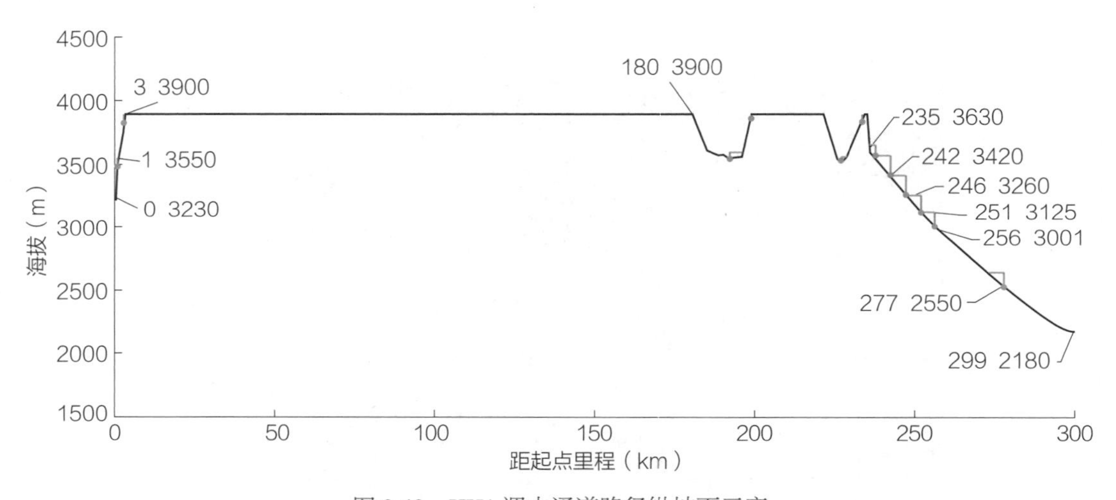

图 3.49 HH1 调水通道路径纵坡面示意

3.7.9.3 抽水和发电工程

整个通道共计建设 3 座抽水电站和 9 座发电站工程，按照玛尔挡水库-D7 段通道年调水 200 亿 m^3，D7-李家峡水库 66.7 亿 m^3，其余水量从 D7 分流至公伯峡和刘家峡计算，抽水电站总装机容量 1945 万 kW，发电站总装机容量 1059 万 kW。

不考虑工程水库汇集天然水量的条件下，经测算，通道调水的年用电量 767 亿 kWh，发电量 649 亿 kWh，综合能效 84.6%，主要原因是取水点至 D7 段海拔提升了 400m 且调水量达到 200 亿 m^3，能耗较高；D7 至李家峡段净发电，但总水量仅为 66.7 亿 m^3。

通道提水和发电工程的主要参数见表 3.25。

表 3.25　　YN1 通道提水和发电工程的主要参数

项目	D1 站	D2 站	D3 站	D4 站	D5 站	D6 站	D7 站	D8 站	D9 站	D10 站	D11 站	D12 站	入水点站
提水高度（m）	330	320	—	330	—	350	—	—	—	—	—	—	
落差（m）	—	—	290	—	345	—	270	50	160	160	135	470	490
距高比	2.6	4.6	—	8.8	—	15.5	—	—	—	—	—	—	—
装机容量（万 kW）	483	468	220	483	262	512	205	13	40	40	34	120	124

3.7.10　莫曲沟—公伯峡通道方案（HH2）

从玛尔挡—李家峡（HH1）通道中的 D7 水库作为取水起点，海拔 3630m；受水点为青海尖扎县隆务河与黄河干流交汇处公伯峡水电站，海拔 2000m。从取水点到受水点没有可以直接连通的等高线自流路径，因此，考虑建设梯级抽水电站，向东南方向提升后沿莫扎拉玛山、托洛岗山等高山南侧选择合适高程（海拔 4000m）建设自流明渠，翻越莫曲沟河与隆务河分水岭后，在同仁县南侧设置径流式高水头水力发电，充分利用提水产生的势能，注入隆务河，沿隆务河注入黄河干流公伯峡水库。

该跨越段全程共规划 5 个水库，总库容 4.6 亿 m^3。累计线路长度（含水库）约 144km，其中建设隧洞 11.9km，压力管道 10.4km，明渠 81.4km。工程由 2 段提水段、4 段自流及发电段组成，包括沿 4000m 等高线的两段自流明渠，总长度分别是 48.7、32.7km。

整个通道共计建设 2 座抽水电站和 4 座发电站工程，抽水电站总装机容量 517 万 kW，发电站总装机容量 581 万 kW。不考虑工程水库汇集天然水量的条件下，经测算，通道调水的年用电量 204 亿 kWh，发电量 356 亿 kWh，综合能效 175%，主要原因是受水点相比取水点海拔降低 1630m。

3.7.11 隆务河—刘家峡通道方案（HH3）

从莫曲沟—公伯峡（HH2）通道中的 D4 水库作为取水起点，海拔 2580m；受水点为甘肃临夏县刘家峡水电站，海拔 1700m。从取水点到受水点没有可以直接连通的等高线自流路径，因此，考虑建设多级梯级抽水电站，向东南方向提升后沿哲合策尔喀山、将仑共马卡山等高山南侧选择合适高程（海拔 3580m）建设自流明渠，翻越隆务河与央曲（大夏河支流）的分水岭后，在夏河县甘加镇西侧设置径流式高水头水力发电，充分利用提水产生的势能，注入央曲。然后沿央曲、大夏河注入黄河干流刘家峡水库。

该跨越段全程共规划 7 个水库，总库容 9 亿 m^3。累计线路长度（含水库）约 202km，其中建设隧洞 4.9km，压力管道 24.8km，明渠 121.4km。工程由 2 段提水段、6 段自流及发电段组成，包括沿 3580、2430、2150m 等高线的三段自流明渠，总长度分别是 54.4、25、42km。

整个通道共计建设 2 座抽水电站和 6 座发电站工程，按照调水量 66.7 亿 m^3 计算，抽水电站总装机容量 487 万 kW，发电站总装机容量 468 万 kW。不考虑工程水库汇集天然水量的条件下，经测算，通道调水的年用电量 192 亿 kWh，发电量 287 亿 kWh，综合能效 149%，主要原因是受水点相比取水点海拔降低 880m。

3.7.12 建设条件分析

3.7.12.1 保护区分布

DH1、DH2、DH3、DH4、DH5 为大渡河至黄河调水通道，其中 DH1 起点位于四川阿坝严波也则自然保护区，五条通道沿线均规避了多个自然生态系统类与野生生物类保护区；HH1、HH2、HH3 为黄河拐弯处调水通道，HH1 起点位于湿地自然生态系统类保护区，三条调水通道沿线规避了多个自然生态系统与自然资源类保护区；JH1 为金沙江至黄河间调水通道，位于三江源自然资源类保护区范围内，沿线规避了多个野生生物类与自然生态系统类保护区；YH1 为雅砻江至黄河间调水通道，沿线不存在大型自然保护区。总体判断，十条通道受保护区的限制影响可控，相对而言 HH1、YH1 等调水通道沿线不存在大型自然保护区，受限制影响最小。黄河上游十条调水通道所在区域的保护区分布情况如图 3.50 所示，主要保护区信息如表 3.26 所示。

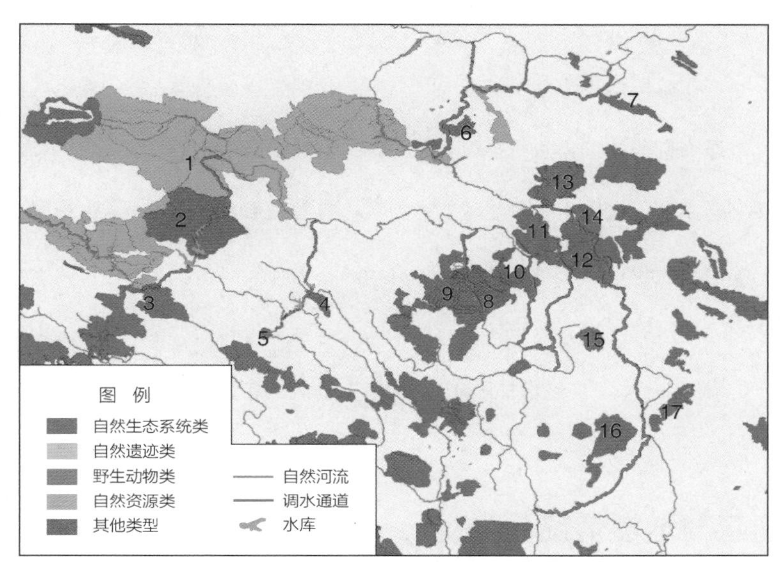

图 3.50　黄河上游 10 条调水通道所在区域的保护区分布情况示意

表 3.26　　黄河上游 10 条调水通道所在区域的主要保护区情况

序号	保护区名称	保护区类别	调水影响关系
1	三江源保护区	自然资源类	途经区内，难以规避
2	长沙贡玛省级保护区	野生生物类	途经区内，难以规避
3	洛须省级保护区	自然生态系统类	途经区内，难以规避
4	四川冷达沟省级保护区	野生生物类	途经区内，难以规避
5	志巴沟县级保护区	自然生态系统类	已规避
6	泽库泽曲国家湿地公园	自然生态系统类	途经区内，难以规避
7	甘肃太子山国家级自然保护区	自然生态系统类	已规避
8	四川阿坝严波也则自然保护区	野生生物类	途经区内，难以规避

续表

序号	保护区名称	保护区类别	调水影响关系
9	玛可河保护区	自然生态系统类	已规避
10	四川漫泽塘湿地保护区	自然生态系统类	途经区内，难以规避
11	甘肃黄河首曲国家级自然保护区	自然生态系统类	已规避
12	四川喀哈尔乔湿地保护区	自然生态系统类	途经区内，难以规避
13	尕海则岱国家自然保护区	自然生态系统类	已规避
14	四川若尔盖湿地国家级自然保护区	自然生态系统类	途经区内，难以规避
15	四川三打古自然保护区	野生生物类	已规避
16	四川卧龙自然保护区	野生生物类	已规避
17	四川白水河自然保护区	自然生态系统类	已规避

3.7.12.2 岩层与地震情况

DH1 ~ DH5 五条调水通道沿线主要以混合沉积岩、硅质碎屑沉积岩以及松散沉积岩为主；HH1 ~ HH3 三条调水通道沿线主要以混合沉积岩、酸性深成岩及酸性火山岩为主，岩层结构较稳定；JH1、YH1 调水通道沿线主要以硅质碎屑沉积岩为主。总体判断，十条通道的地质条件尚可，相对而言 HH1 ~ HH3 黄河拐弯处调水通道较好。调水通道所在区域的主要岩层分布情况如图 3.51 所示。

大渡河、雅砻江等河流上游地区历史地震高发，但雅砻江—黄河段、金沙江—黄河段、黄河拐弯处调水通道沿线的地质结构稳定，从历史统计来看，库区坝址不存在大的历史地震记录，区域构造稳定性好；大渡河—黄河五条调水通道已基本规避历史地震高发区，仅个别坝址位于地质断层与构造板块边界附近。总体判断，十条通道的地质稳定性尚可，相对而言 HH1、HH2、HH4、H3、H4 调水通道较好。调水通道所在区域的地质断层分布和历史地震情况示意如图 3.52 所示。

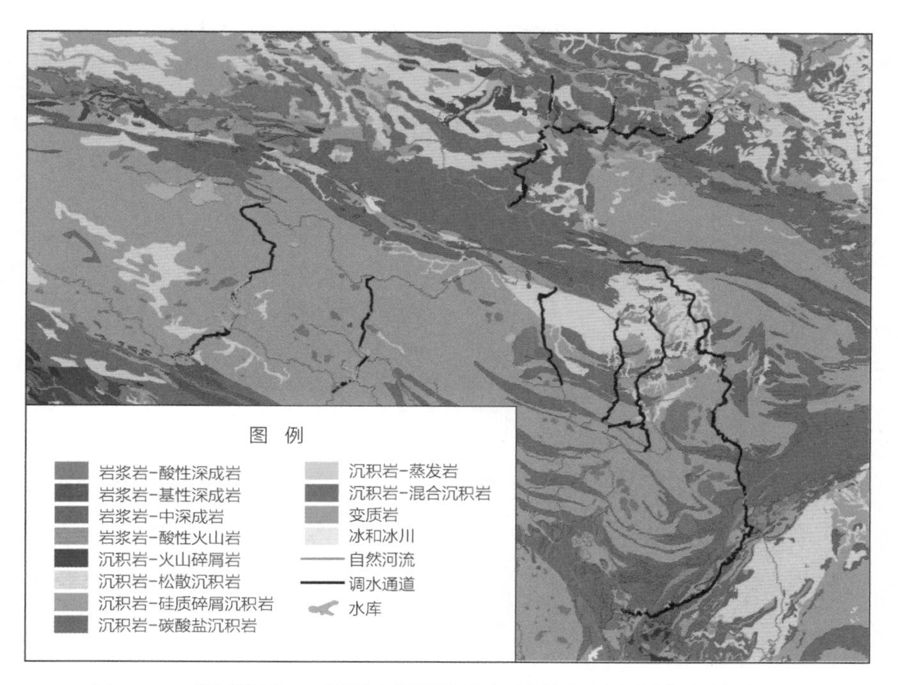

图 3.51 黄河流域 10 条调水通道所在区域的主要岩层分布情况示意

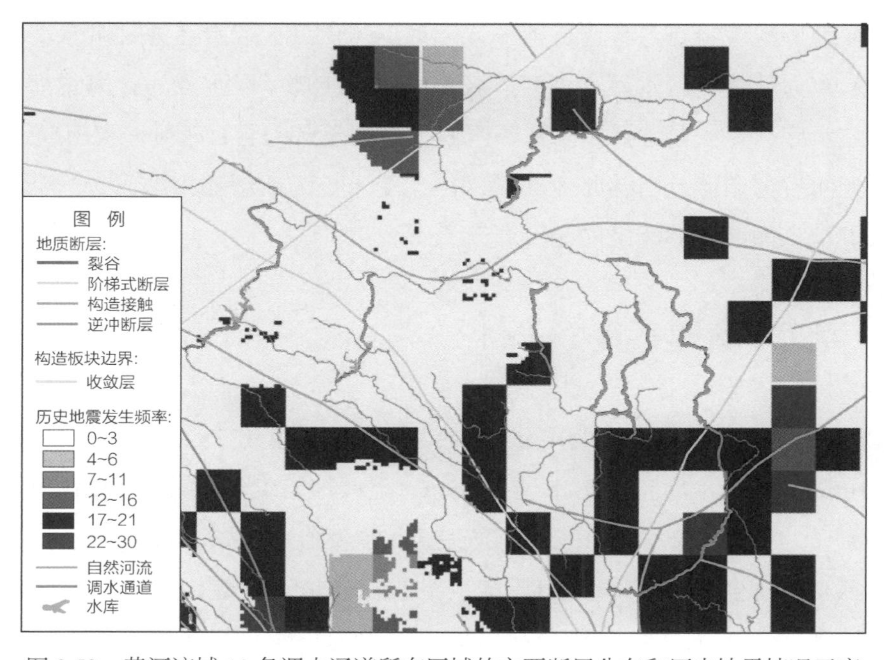

图 3.52 黄河流域 10 条调水通道所在区域的主要断层分布和历史地震情况示意

3.8 黄河—新疆调水通道

3.8.1 总体布局

因为黄河上游距离新疆近、产水量大，故将取水点选在黄河上游。再考虑节省调水能耗，宜选择尽可能高的取水点、尽可能低的受水点。可在青海省贵南县黄河由西向东流向甘肃之前的龙羊峡水库设置取水点，经祁连山之南、向西北方向调水到新疆。可在流经甘肃省兰州市之前的刘家峡水库设置取水点，沿祁连山、昆仑山脉途径河西走廊调水到新疆。

根据前述研究，黄河至新疆跨流域调水规模为 300 亿 m^3，综合考虑单通道调水规模，考虑设计 3 条通道。结合取水点的水量和高程条件、受水点的高程和 2 个流域分水岭近区地形地貌特点，考虑黄河—敦煌通道（HX1）取水点为甘肃永靖县刘家峡水库，受水点为敦煌党河水库；黄河—若羌通道（HX2）取水点为青海省海南藏族自治州龙羊峡水库，受水点为新疆巴音郭楞蒙古自治州若羌县；黄河—和田通道（HX3）取水点为青海省海南藏族自治州龙羊峡水库，受水点为新疆和田地区。3 个通道及其取、受水点示意如图 3.53 和图 3.54 所示。

3.8.2 黄河—敦煌方案（HX1）

从黄河上游刘家峡水库作为取水起点，取水点高程 1735m，受水点为敦煌市，高程为 1100m。末级水库正常蓄水位 2550m，至敦煌市党河水库可利用落差 1182m。从取水点到受水点沿途经祁连山脉，建设多个梯级抽水电站，向西引水到达敦煌，惠及甘肃武威、张掖、酒泉、玉门等地，沿线在合适高程建设多段自流明渠，设置多个径流式高水头水力发电，充分利用提水产生的势能，将黄河水调入党河，引水到敦煌。

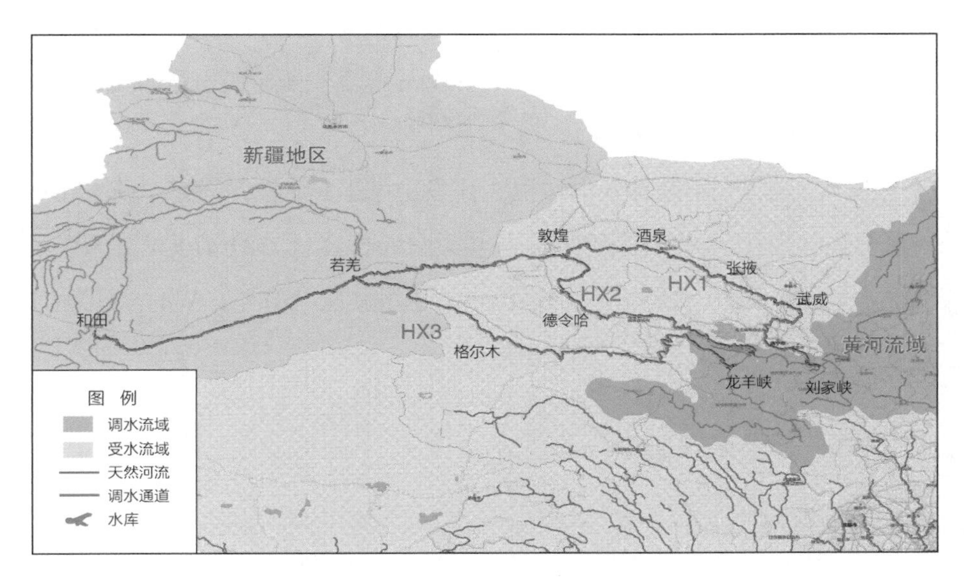

图 3.53 黄河—新疆跨流域调水通道示意

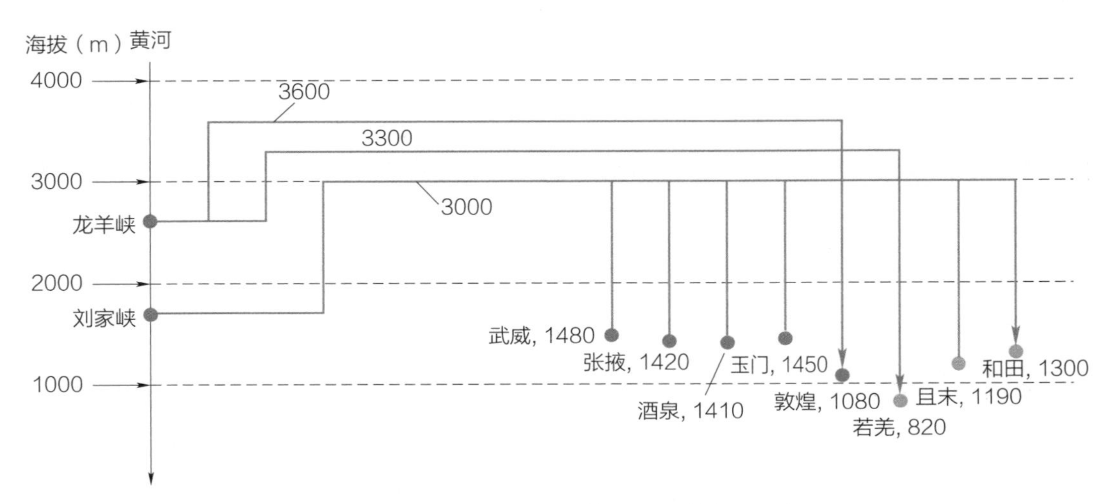

图 3.54 黄河—新疆跨流域调水通道高程示意

该跨越段全程共规划 23 个水库，总库容 12.9 亿 m^3。累计线路长度（含水库）约 1722km，其中建设压力管道 79km，明渠 1535km，隧洞 81km。工程由 14 段提水段、10 段自流及发电段组成，包括沿 2100、2800、3000m 等高线的多段自流明渠，并有 12 处建设 U 形钢管道跨越河谷、山谷等。

整个通道共计建设 14 座抽水电站和 8 座发电站工程，按照通道年调水 100 亿 m^3 计算，抽水电站总装机容量 7361 万 kW，发电站总装机容量 2531 万 kW。不考虑工程水库汇集天然水量的条件下，经测算，通道调水的年用电量 1618 亿 kWh，发电量 1392 亿 kWh，综合能效 86%。

3.8.3 黄河—若羌方案（HX2）

从黄河上游龙羊峡水库作为取水起点，取水点高程 2600m，受水点为若羌市，市区高程 850m，末级水库至若羌市可利用落差 450m。从取水点到受水点沿途经青海湖南侧、祁连山脉南、昆仑山脉，建设多个梯级抽水电站，向西引水到达若羌，惠及乌兰县、德令哈市、敦煌等地，沿线在合适高程建设多段自流明渠，设置多个径流式高水头水力发电，充分利用提水产生的势能，将黄河水调入若羌河。

该跨越段全程共规划 13 个水库，总库容 10.9 亿 m^3。累计线路长度（含水库）约 1911km，其中建设压力管道 67km，明渠 1756km，隧洞 24km。工程由 5 段提水段、10 段自流及发电段组成，包括沿 3000、3500、2100m 等高线的多段自流明渠，总长度分别是 748、998、10km，并有 3 处建设 U 形钢管道跨越河谷、山谷等。

整个通道共计建设 5 座抽水电站和 8 座发电站工程，按照通道年调水 100 亿 m^3 计算，抽水电站总装机容量 2622 万 kW，发电站总装机容量 1587 万 kW。不考虑工程水库汇集天然水量的条件下，经测算，通道调水的年用电量 576 亿 kWh，发电量 873 亿 kWh，综合能效 152%，原因是受水点比取水点低 1750m。

3.8.4 黄河—和田方案（HX3）

3.8.4.1 水库工程

全程共规划 10 个水库，总库容 25.7 亿 m^3。坝长最长 1979m，坝高最高 165m，最高的蓄水位在 3300m，最低的蓄水位 1700m，终点比起点低 1300m，水库间最大落差 550m。其中，D4 位于青海省格尔木市南侧格尔木河主河道上，库容 60070 万 m^3，D5 位于若羌市东南若羌河主河道上，库容 26332 万 m^3，D6 位于从 D5 沿若羌河的下游方向，库容 24193 万 m^3，D8 位于瓦石峡河主河道上，库容 15301 万 m^3，D9 位于车尔臣河主河道上，库容 11528 万 m^3，D10 位于新疆和田县向南 32km 处，库容 108048 万 m^3，为主要调蓄水库，其他为调水的中继水库。从卫星影像判断，部分水库可拦蓄天然径流，来水补给条件好。水库的主要技术指标如表 3.27 所示。

表 3.27　　HX3 通道水库工程的主要参数

项目	D1	D2	D3	D4	D5
蓄水位（m）	2900	2900	3300	3300	3000
坝长（m）	1071	929	877	1979	1186
坝高（m）	105	114	110	82	116
库容（万 m^3）	478	6837	2947	60070	26332

续表

项目	D6	D7	D8	D9	D10
蓄水位（m）	2650	2100	2100	2100	1700
坝长（m）	814	471	626	482	1857
坝高（m）	152	136	165	117	129
库容（万 m^3）	24193	864	15301	11528	108048

主要调蓄水库 D4、D5、D6、D8、D9、D10 方案三维地形如图 3.55 所示。

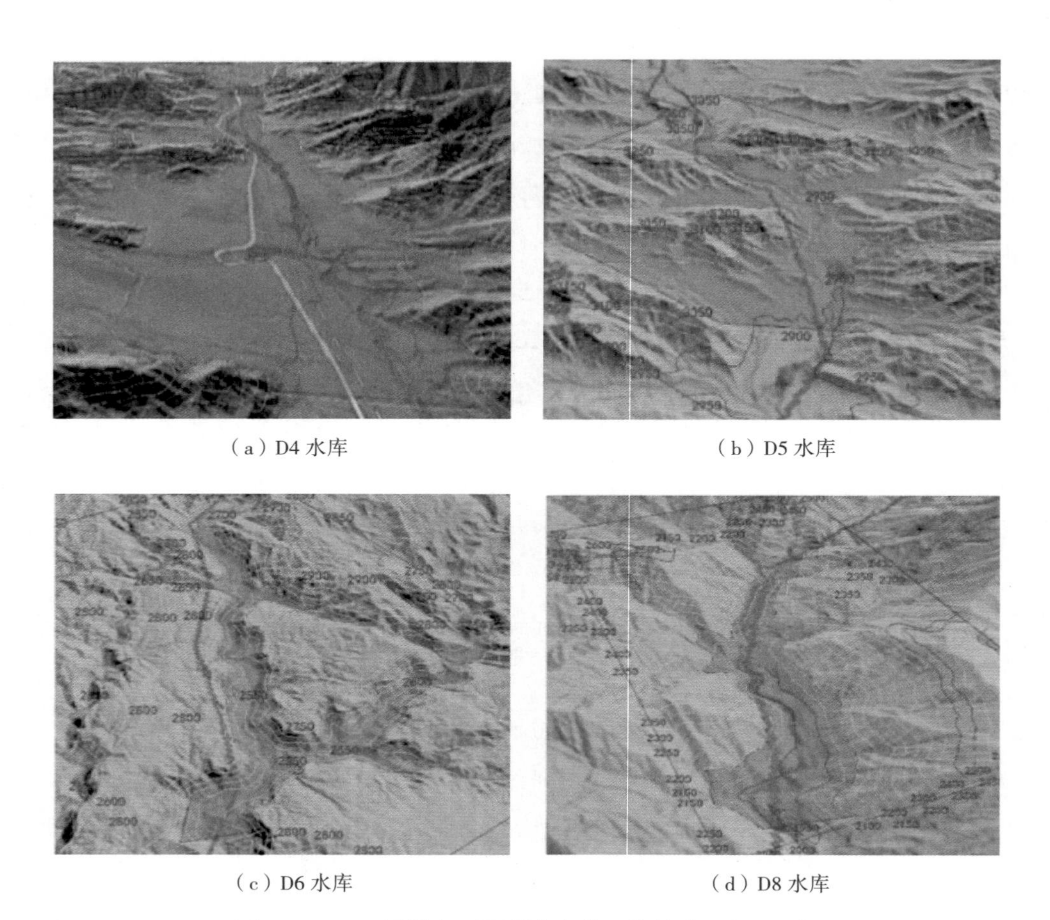

（a）D4 水库　（b）D5 水库

（c）D6 水库　（d）D8 水库

图 3.55　HX3 通道主要调蓄水库的三维地形示意（一）

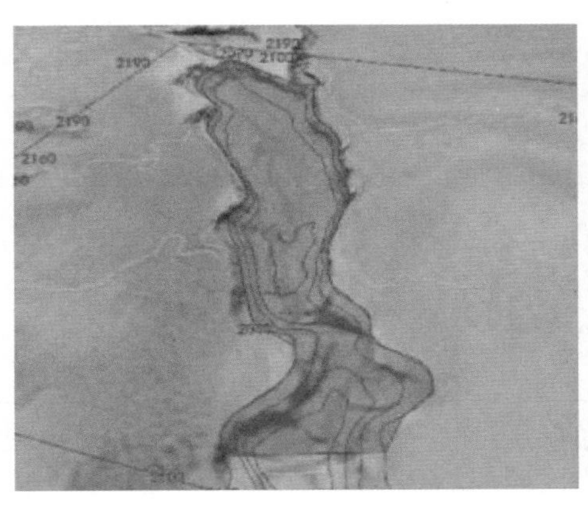

（e）D9 水库

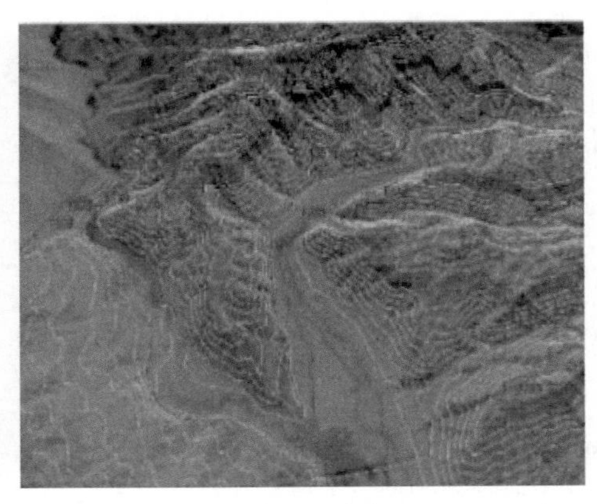

（f）D10 水库

图 3.55 HX3 通道主要调蓄水库的三维地形示意（二）

3.8.4.2 引水工程

该跨越段累计线路长度（含水库）约 2850km，其中隧洞 35km，建设压力管道 41km，明渠 2776km。工程由 5 段提水段、10 段自流及发电段组成，包括沿 2900、3300、3000、2650、2100m 等高线的多段自流明渠，总长度分别是 21、1635、16、90、1014km，并有 10 处建设 U 形钢管道跨越河谷、山谷等。其中，引水到 D6 库后，先向 HX2 通道的 D11 库、D12 库（HX3 与 HX2 通道交汇库）引水，然后再向 D7 库引水。

引水工程路径地理位置和纵坡面示意如图 3.56 和图 3.57 所示。

图 3.56 HX3 调水通道路径地理位置示意

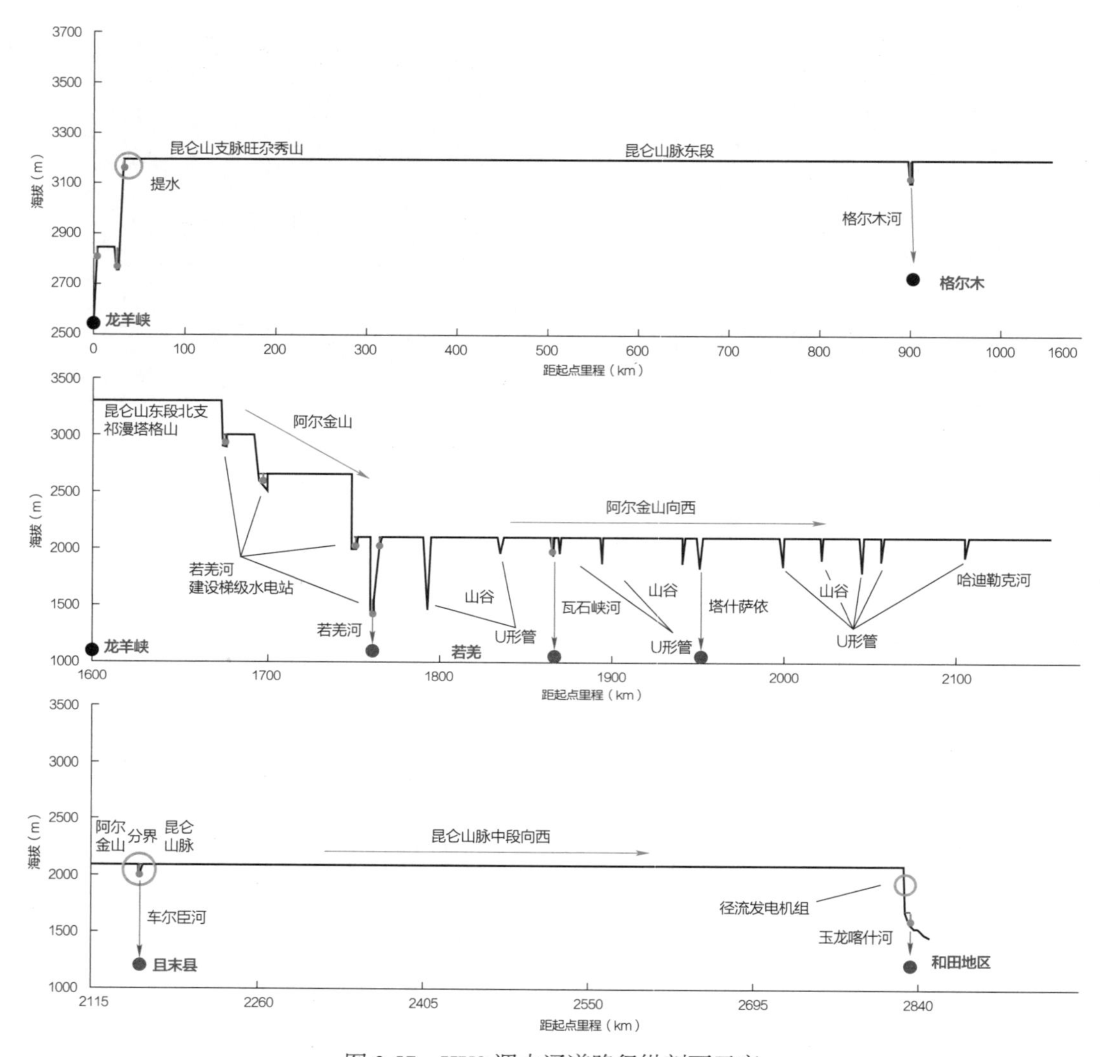

图 3.57 HX3 调水通道路径纵剖面示意

3.8.4.3 抽水和发电工程

整个通道共计建设 3 座抽水电站和 6 座发电站工程，按照通道年调水 100 亿 m^3 计算，抽水电站总装机容量 1639 万 kW，发电站总装机容量 1079 万 kW。

不考虑工程水库汇集天然水量的条件下，经测算，通道调水的年用电量 360 亿 kWh，发电量 594 亿 kWh，综合能效 165%，主要原因是工程受水点比取水点低 1300m。HX3 通道提水和发电工程的主要参数见表 3.28。

表 3.28 HX3 通道提水和发电工程的主要参数

项目	D1 站	D2 站	D3 站	D4 站	D5 站	D6 站	HX2-D11 站
提水高度（m）	300	0	400	0	0	0	0
落差（m）	0	0	0	0	300	350	550
距高比	9.8	—	12.1	—	—	—	—
装机容量（万 kW）	393	0	524	0	127	148	233

项目	HX2-D12 站	D7 站	D8 站	D9 站	D10 站	和田
提水高度（m）	0	550	0	0	0	0
落差（m）	550	0	0	0	400	400
距高比	—	5.6	—	—	—	—
装机容量（万 kW）	233	0	0	0	169	169

3.8.5 建设条件分析

3.8.5.1 保护区分布

HX1、HX2、HX3 调水通道沿线规避了多个自然生态系统类与野生生物类保护区，总体判断，三条通道受保护区的限制影响可控，相对而言 HX3 好于 HX1 与 HX2。黄河—新疆 3 条调水通道所在区域的保护区分布情况如图 3.58 所示，主要保护区信息如表 3.29 所示。

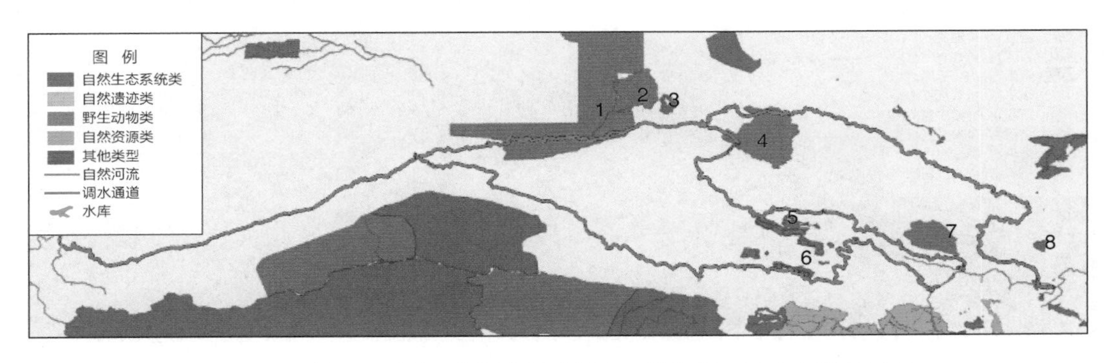

图 3.58 黄河—新疆 3 条调水通道所在区域的保护区分布情况示意

表 3.29 黄河—新疆 3 条调水通道所在区域的主要保护区情况

序号	保护区名称	保护区类别	调水影响关系
1	新疆罗布泊骆驼自然保护区	野生生物类	途经区内，难以规避
2	安南坝野骆驼保护区	野生生物类	已规避
3	敦煌阳关自然保护区	自然生态系统类	已规避
4	甘肃盐池湾自然保护区	野生生物类	途经区内，难以规避
5	柯鲁克湖—托素湖自然保护区	自然生态系统类	已规避
6	柴达木梭梭林自然保护区	野生生物类	已规避
7	青海湖自然保护区	野生生物类	已规避
8	甘肃连城自然保护区	自然生态系统类	已规避

3.8.5.2 岩层与地震情况

黄河—新疆 3 条调水通道所在区域岩层分布情况较为复杂，HX1 调水通道沿线主要以混合沉积岩、硅质碎屑沉积岩、松散沉积岩为主，途径冰川区域；HX2 调水通道沿线主要以变质岩、混合沉积岩以及酸性深成岩为主，岩层结构较稳定；HX3 调水通道沿线主要以松散沉积岩、变质岩为主。总体判断，3 条通道的地质条件尚可，相对而言 HX2 好于 HX1、HX3。调水通道所在区域的主要岩层分布情况示意如图 3.59 所示。

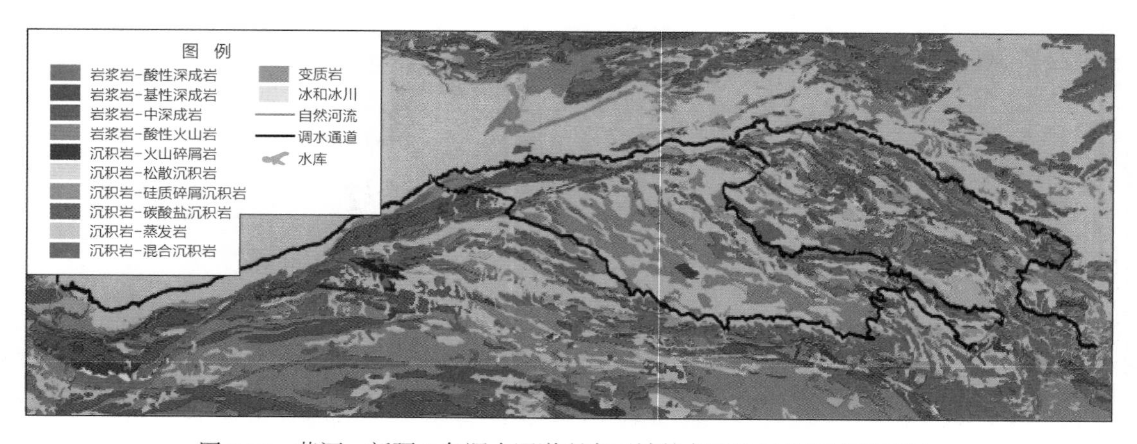

图 3.59 黄河—新疆 3 条调水通道所在区域的主要岩层分布情况示意

黄河上游、河西走廊附近历史地震高发，但 HX2、HX3 调水通道沿线的地质结构稳定，从历史统计来看，库区坝址不存在大的历史地震记录，区域构造稳定性好；HX1 调水通道已基本规避历史地震高发区，个别坝址距离在地质断层与构造板块边界附近。总体判断，3 条通道的地质稳定性尚可，相对而言 HX3、HX2 好于 HX1。调水通道所在区域的地质断层分布和历史地震情况示意如图 3.60 所示。

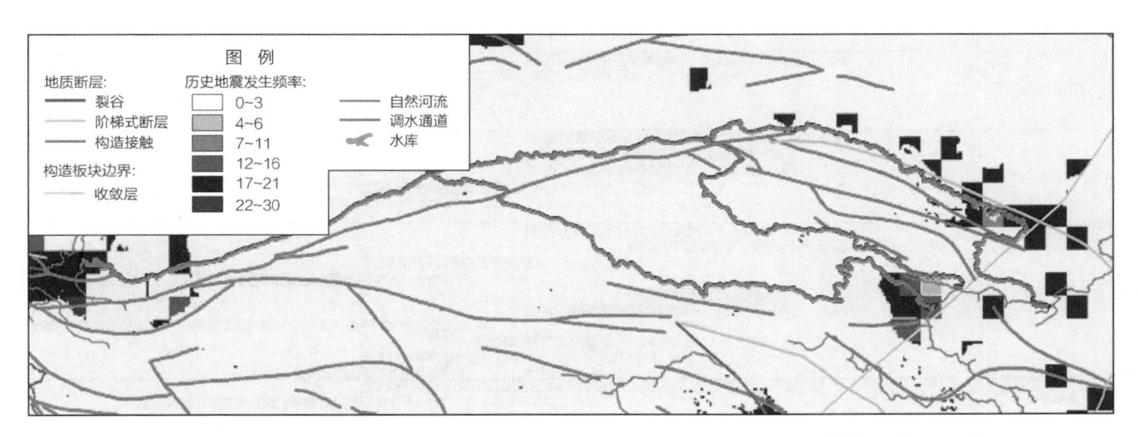

图 3.60 黄河—新疆 3 条调水通道所在区域的主要断层分布和历史地震情况示意

3.9 工程建设时序

按统筹规划、分段实施、水量衔接、逐期获益、合理投资的原则，工程分 4 期建设。“十四五”期间开始前期工作，“十五五”期间开工，至 2050 年全部建成，总工期约 30 年。工程每完成一条通道即可取得该段通道效益，无须等待全线完工。

考虑调水河流水电建设情况、保护区情况等，一期工程率先开展长江—黄河段的 YH1 和 DH3 通道建设，调水量 80 亿 m^3，与南水北调西线方案功能基本对应。二期工程继续开展长江—黄河调水通道建设，包括 YD1 ~ YD3、JH1、DH4 等，形成长江—黄河统一水网。同步开展 LJ1、JY1 等澜沧江—长江流域通道建设，向长江流域补水。三期继续向两端延展，开工建设雅鲁藏布江—怒江—澜沧江流域通道，以及 HX1 黄河—新疆通道。四期工程重点建设黄河—新疆通道和雅鲁藏布江通道，2050 年前完成全部 35 条通道，工程全面竣工。工程方案进展设想如图 3.61 所示。

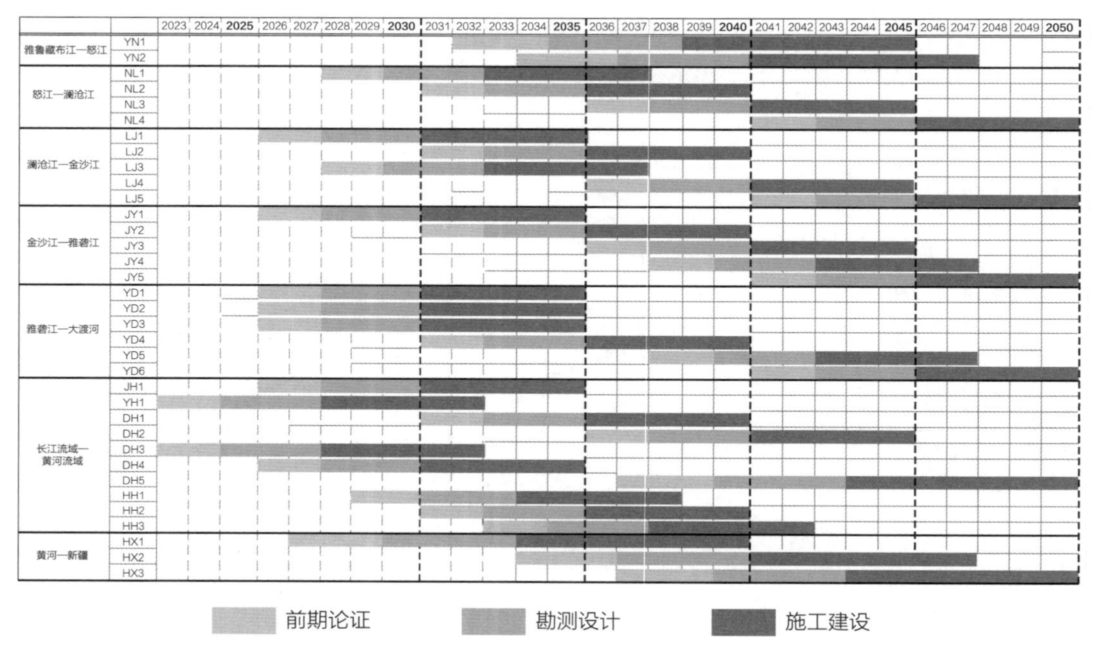

图 3.61 工程方案进展设想

3.10 工程技术可行性分析

工程相关设施主要包括隧洞、压力管道、明渠、水库和抽水蓄能电站、水力发电站等。“五江二河”跨越段以压力管道、水库、明渠等组成的新型抽水蓄能为主，黄河—新疆段则主要以沿祁连山、昆仑山的明渠为主。

隧洞方面，方案共需修建隧洞 56 条，长度共计 596km，单条隧洞最长 20.5km，埋深不超过 300m，无深埋长隧洞。以单条通道年输水量 30 亿 ~ 60 亿 m^3，流速 1.5m/s 计，隧洞直径 11 ~ 15m。与当前典型水利工程的隧洞相比（见表 3.30 和表 3.31），长度、洞径均小于当前最大规模，完全具备可行性。

表 3.30 典型水利工程隧洞直径

项目	白鹤滩泄洪隧洞	小浪底并列 16 条隧洞	南水北调穿黄工程
洞径（m）	20	14.5	7

表 3.31 典型水利工程隧洞长度

项目	辽宁大伙房输水隧洞	引汉济渭穿秦岭隧洞	滇中引水昆玉隧洞
长度（km）	85.3	81.6	104.6

压力管道方面，方案提水段、跨越河沟段以压力管道为主，长度共计 1010km。以单条通道年输水量 30 亿～60 亿 m^3，流速 5m/s 计，需直径 3.4～4.8m 的压力管道 3 条。以当前在建的滇中引水工程为例，观音山段采用 3 条并行的单管直径 4.2m 的压力管道，与本工程方案相当。

明渠方面，方案自流段以沿山体等高线的明渠为主，长度共计 9661km。以单条通道年输水量 30 亿～60 亿 m^3，流速 1.5m/s 计，明渠渠顶宽 18～25m，渠底宽 16～23m，深 6.5m，宽度与 318 国道路基最宽处相当。

水库大坝方面，方案新建水库 270 座，总库容 330 亿 m^3。大坝高度多在 150m 以下，最大不超过 250m，不存在技术障碍。

抽水蓄能和水力发电方面，方案包括 6.5 亿 kW 的抽水蓄能装机和 2 亿 kW 的水电装机，约需 2000 台 30 万 kW 的立式离心泵和 660 台 30 万 kW 的水电机组。根据国家能源局《抽水蓄能中长期发展规划（2021—2035 年）》，到 2030 年 340 个抽水蓄能重点实施项目总装机容量约 4.2 亿 kW，247 个储备项目总装机容量约 3.1 亿 kW。本方案可提供相当于 4.2 亿 kW 的抽水蓄能。

工程方案不存在超级水库、超高扬水、超长隧洞等单体超级工程，没有明显技术障碍，具备可行性。

3.11 工程规模与投资测算

3.11.1 测算参数

3.11.1.1 装机测算

对于异地抽发的新型抽水蓄能，调水为主要任务，考虑用水持续性、高海拔封冻、耗能和节省投资等因素，提水装机规模一般大于发电，而设备利用率则小于发电。本研究所采用的抽水蓄能主要技术参数如表 3.32 所示，根据 3.1.2 的模型优化结果，提水设备利用小时设定为 1900h，水力发电利用小时则设定为 5500h。

表 3.32 新型抽水蓄能工程主要技术参数

提水效率	发电效率	提水利用率	提水利用小时（h）	水力发电利用率	水力发电利用小时（h）
0.85	0.95	0.217	1900	0.628	5500

3.11.1.2 投资测算

引水工程方面，参考相关水利工程、抽水蓄能电站工程压力管道、引水工程等的单项投资测算，30 亿 m^3/年的隧洞、穿山压力管道、明渠单位造价分别设定为 1.4 亿元/km、1.6 亿元/km 和 4000 万元/km。

抽水蓄能电站方面，根据国家能源局披露的抽水蓄能在建项目数据，抽水蓄能电站平均单位装机投资为 6136 元/kW。考虑到抽水蓄能的引水工程投资已在压力管道部分计列，提水工程投资主要包括水库和机组，按 5100 元/kW 考虑。

水力发电站方面，径流式引水发电工程主要由进水口、压力隧洞、厂房和机电设备组成，考虑到引水工程投资已在压力管道部分计列，径流式引水水电投资按 1000 元/kW 考虑，坝式引水水电投资按 3000 元/kW 考虑。

考虑到大部分工程位于高海拔地区，需根据工程的海拔对造价进行修正。高海拔施工需要考虑施工人员的高原反应、防寒保暖等问题，结合高寒地区施工经验，每年施工时间按 8 个月考虑。参考川藏联网工程（平均海拔在 3850m，最高海拔 4980m）、青藏铁路工程（平均海拔 4000m 以上）等高原工程的经验，对高原工程造价进行修正，如表 3.33 所示。

表 3.33 高原工程造价修正系数

海拔	4000m 以上	3000 ~ 4000m	2000 ~ 3000m	2000m 以下
修正系数	1.6	1.4	1.2	1

3.11.2 测算结果

调水工程由提水工程、引水工程和发电工程三部分组成。其中，引水工程总长度 11267km，明渠占比超过 80%；新建水库 270 座，总库容 330 亿 m^3，可以实现年调节。抽水蓄能和水力发电方面，新型抽水蓄能提水装机容量 6.5 亿 kW，发电装机容量 1.9 亿 kW。工程年耗电 1.23 万亿 kWh，年发电 1.06 万亿 kWh，效率达 86%，超过常规抽水蓄能。各段工程规模统计如表 3.34 所示。

表 3.34 工程规模统计表

名称	流量（亿 m^3/年）	库容（亿 m^3）	调节系数	引水工程（km）		
				隧洞	压力管道	明渠
雅鲁藏布江—怒江	124	51.3	0.21	116	85	220
怒江—澜沧江	200	32.8	0.08	10	76	288
澜沧江—金沙江	247	63.7	0.12	27	127	465
金沙江—雅砻江	306	22.5	0.12	52	94	453
雅砻江—大渡河	328	14.0	0.02	24	94	295
长江—黄河	400	95.2	0.26	228	348	1875
黄河—新疆	300	50.0	0.08	140	187	6066
合计		330.5		596	1010	9661

续表

名称	提水装机（万 kW）	耗电量（亿 kWh）	发电装机（万 kW）	发电量（亿 kWh）	能耗（亿 kWh）
雅鲁藏布江—怒江	5845	1111	1129	621	490
怒江—澜沧江	4912	933	1464	806	128
澜沧江—金沙江	4419	840	1726	949	– 110
金沙江—雅砻江	8057	1531	1977	1088	443
雅砻江—大渡河	8286	1574	3229	1776	– 202
长江—黄河	19910	3783	4942	2719	1064
黄河—新疆	13448	2555	4757	2617	– 62
合计	64877	12327	19224	10575	1752

按照调水需求，结合路径方案，调水工程将在通道沿线建设一批新型抽水蓄能电站和水力发电站。根据通道布局，抽蓄方面，西南占比 70%，西北占比 30%；水电方面，西南占比 60%，西北占比 40%。新建新型抽水蓄能和水电的布局如图 3.62 所示。

参考现有抽水蓄能工程、调水工程的单位投资水平，结合高原造价修正，对工程方案投资进行测算，总投资 6.6 万亿元，各段工程投资测算如表 3.35 所示。

从跨流域段来看，长江—黄河段投资最高，在 1.9 万亿元左右，占总投资约 30%。

从工程类型来看，提水工程投资达 4.5 万亿元，占比 68%，全部引水工程仅占四分之一左右。扣除同等容量的抽水蓄能和水电投资后（按照常规抽水蓄能和水电单价），工程的调水投资为 2.5 万亿元。按照工程 50 年运行测算，5%收益率下调水成本为 3.5 元/m^3。

根据工程建设时序构想，分析了工程各时间段的投资情况，如图 3.63 所示。工程投资将主要集中在 2030—2050 年，即 2、3、4 期工程建设期间。投资高峰出现在 2040 年左右，主要用于推进雅鲁藏布江—怒江和黄河—新疆调水通道的建设。工程年投资金额在 4000 亿元以内，约为目前我国水利和水电工程年投资总额的 50%。

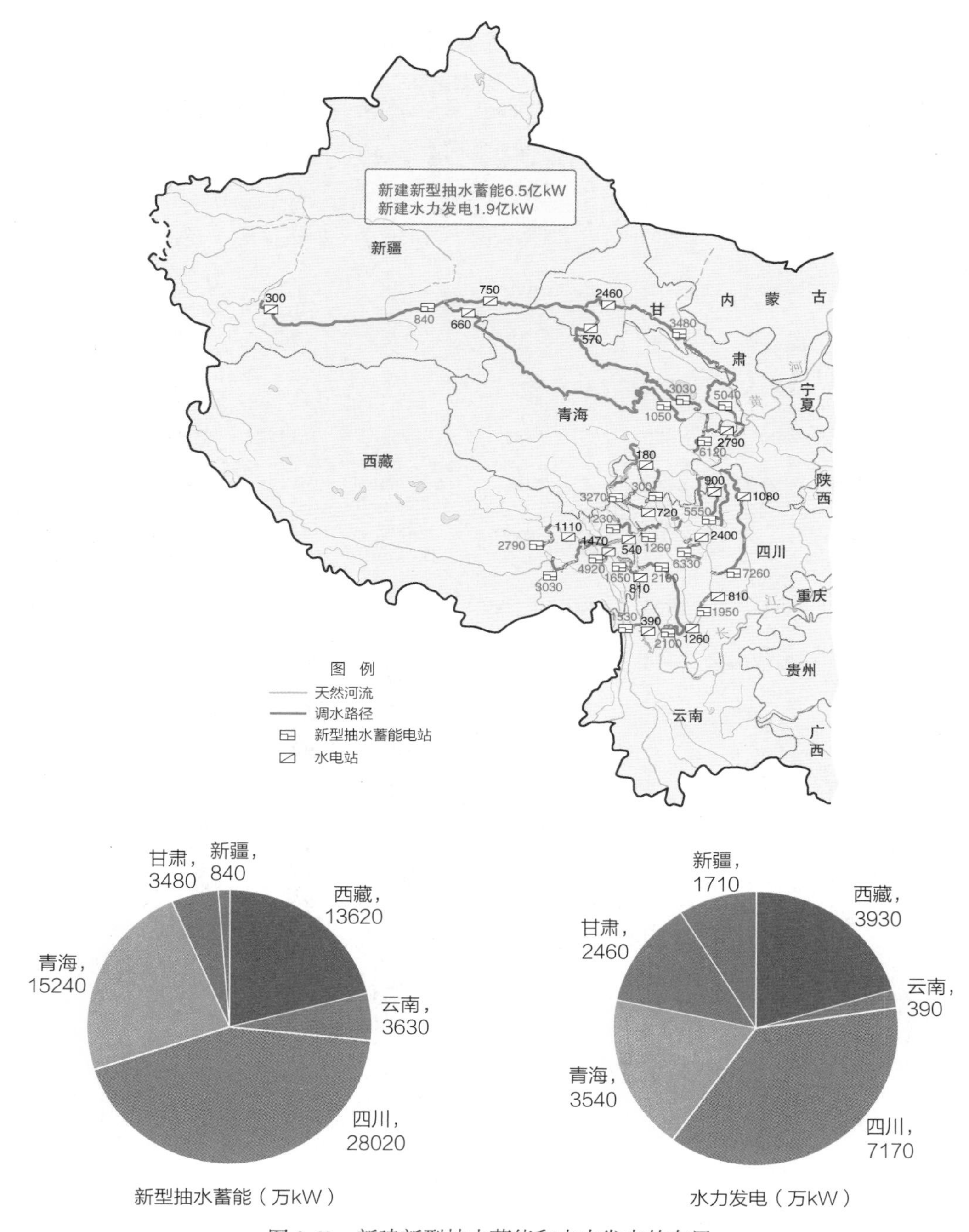

图 3.62 新建新型抽水蓄能和水力发电的布局

表 3.35　　工程投资测算表　　单位：亿元

编号	名称	引水工程			提水工程	发电工程	合计
		隧洞	压力管道	明渠			
1	雅鲁藏布江—怒江	347	380	197	4263	311	5498
2	怒江—澜沧江	28	339	227	3871	205	4670
3	澜沧江—金沙江	75	522	359	3185	392	4533
4	金沙江—雅砻江	161	421	400	5875	492	7349
5	雅砻江—大渡河	73	372	233	6116	695	7489
6	长江—黄河	704	1431	1562	13352	1941	18990
7	黄河—新疆	502	994	6119	8463	1615	17693
合计		1890	4459	9099	45125	5651	66222

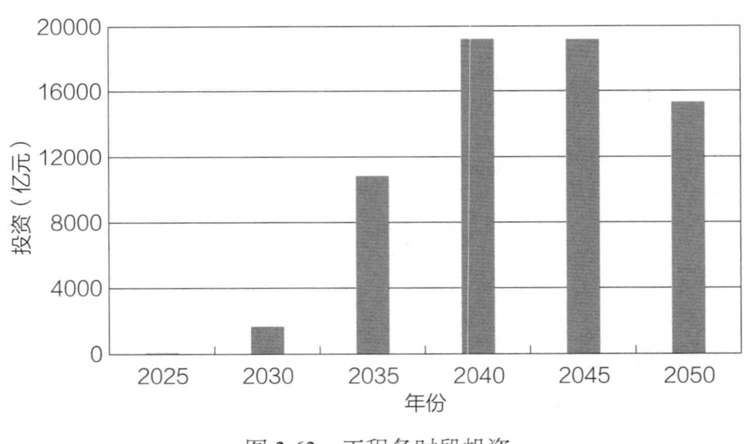

图 3.63　工程各时段投资

3.12　小　　结

采取“灵活分散”的原则，兼顾各大流域水电开发情况，设计了自西南“五江一河”至西北的调水新方案。工程以雅鲁藏布江为起点，自“五江一河”取水，年调水量 400 亿 m^3，包含 7 个跨流域段的 35 个调水通道，全长 1.1 万 km，跨越西藏、云南、四川、青海、甘肃、新疆 6 省区，最远到达新疆和田。具体分为 7 个跨越段：

- 雅鲁藏布江—怒江段，包含 2 条调水通道，起点位于西藏林芝雅鲁藏布江大拐弯地区，落点在西藏昌都，全长 421km，共计建设 20 个水库，总库容 51 亿 m^3，年调水量 124 亿 m^3。
- 怒江—澜沧江段，包含 4 条调水通道，位于西藏昌都，全长 373km，共计建设 12 个水库，总库容 33 亿 m^3，调水量共 200 亿 m^3。
- 澜沧江—金沙江段，包含 5 条调水通道，北起西藏昌都南至云南迪庆，全长 618km，共计建设 29 个水库，总库容 64 亿 m^3，调水量共 247 亿 m^3。
- 金沙江—雅砻江段，包含 5 条调水通道，北起青海玉树南至云南丽江，全长 599km，共计建设 37 个水库，总库容 22 亿 m^3，调水量共 306 亿 m^3。
- 雅砻江—大渡河段，包含 6 条调水通道，位于四川甘孜、雅安地区，全长 412km，共计建设 37 个水库，总库容 14 亿 m^3，调水量共 328 亿 m^3。
- 长江—黄河段，包含金沙江—黄河、雅砻江—黄河、大渡河—黄河和黄河上游跨流域段在内的共 10 条调水通道，位于青海玉树、果洛、黄南，四川阿坝，甘肃甘南等地区，全长 2451km，共计建设 90 个水库，总库容 95 亿 m^3，调水量共 400 亿 m^3。
- 黄河—新疆段，包含 3 条调水通道，东起刘家峡、龙羊峡水库，西至敦煌、若羌、和田等地区，全长 6393km，共计建设 46 个水库，总库容 50 亿 m^3，调水量共 300 亿 m^3。

工程由提水工程、引水工程和发电工程三部分组成。其中，引水工程总长度 11267km，明渠占比超过 80%；新建水库 270 座，总库容 330 亿 m^3；提水工程新建抽水蓄能装机容量 6.5 亿 kW，发电工程新建水电机组 1.9 亿 kW。工程年用电 1.23 万亿 kWh，年发电 1.06 万亿 kWh，耗电 1700 亿 kWh，折算储能效率 86%，超过常规抽水蓄能。

按照结合工程所在海拔等条件，综合测算调水工程总投资 6.6 万亿元。扣除等量替代的抽水蓄能和水电投资，工程的调水部分等效投资为 2.5 万亿元，按照 50 年运行测算，调水成本 3.5 元/m^3。

按统筹规划、分段实施、水量衔接、逐期获益、合理投资的原则，调水方案分 4 期建设。预期“十五五”期间开始施工，至 2050 年全部建成，总工期约 30 年，年投资额在 4000 亿元以内。

与“红旗河”等西部调水设想相比，基于新型抽水蓄能的西部调水方案在工程规模、方案设计、支撑新能源发展等方面具有显著优势：

工程规模方面，本方案各调水通道按“灵活分散”的原则设计，每条调水通道年调水量控制在 30 亿 ~ 70 亿 m^3 左右，避免了单体巨型输水工程。方案以调蓄水库为枢纽点、以不同高程的短距离引水渠为联络线，避免了常规调水面临的深埋长隧洞难题，极大降低了单一通道方案的运行风险。以“红旗河”构想为例，该方案共需修建隧洞 136 条，总长 2337km，最长 55km，20km 以上的隧洞达 61 条，且需要在青藏高原西南地区建设多条深埋隧洞，建设难度大、运行风险高。本方案仅需修建隧洞 56 条，总长 596km，单条隧洞最长 20.5km，大多数在 10km 以下，且没有埋藏深度大于 300m 的深埋隧洞。

方案设计方面，本方案提出了 7 个跨流域段的 35 条调水通道。新型抽水蓄能理念克服了高差对调水的限制，将大范围寻找自流线路问题简化为多段小范围调水路径的优选，大大增加了调水方案规划的可行域，扩大了可选通道的优选范围。未来在工程设计和实施阶段，还可根据实地勘测情况等对调水通道的水库、大坝和引水线路具体方案进行优化。对于常规调水，在地形复杂、高山深沟的西南地区设计调水路线非常困难，例如“红旗河”方案、林一山方案、陈传友方案等经长时间尝试也仅能提出一条线路方案。

储能与灵活调节能力方面，本方案共新建抽水蓄能装机容量 6.5 亿 kW，水电机组 1.9 亿 kW，年用电 1.23 万亿 kWh，年发电 1.06 万亿 kWh，有望为电力系统提供大量灵活调节能力。方案的总体蓄能效率达到了 86%，超过了常规抽水蓄能，主要是因为落点海拔（和田海拔 1500m 左右）低于起点（2200 ~ 2600m）。分段来看，雅鲁藏布江—怒江段因落点海拔高于起点效率较低，而澜沧江—金沙江、雅砻江—大渡河和黄河—新疆段蓄能效率均超过了 100%。工程兼顾跨流域调水与新能源消纳，可以获得双重效益。扣除等量替代的抽水蓄能和水电投资，工程以 2.5 万亿元的投资实现了 400 亿 m^3 的年调水量，对比红旗河方案（4 万亿元投资年调水量 600 亿 m^3）经济性更优。

4 生态环境影响

新型抽水蓄能与跨流域协同开发是一项重大的基础设施建设工程，一方面工程实施能够带来巨大的经济社会价值，另一方面也会对水环境、土壤地质、生物多样性等产生环境影响。因此，在工程建设中需要重点识别生态敏感区域，科学规划方案布局，系统评估各类环境影响，积极开展环境保护措施和政策保障，避免或减缓对生态环境的影响与破坏，促进调水工程与生态环境协调发展。

4.1 生态敏感区概况

跨流域调水涉及多个生态敏感区，需要重点关注敏感点位并进行区域识别。生态敏感区是具有重要生态服务功能或生态系统较为脆弱的区域，如遭到占用、损失或破坏后将造成较为严重的生态影响，导致生态系统功能难以恢复。按照调水河流涉及县域筛选，区域内共有自然保护区 298 处，其中国家级自然保护区 138 个、省级自然保护区 93 个、县市级自然保护区 67 个，涵盖了森林生态、野生动物、野生植物、内陆湿地、草原草甸、荒漠生态、地质遗迹等多种类型，总面积 111.7 万 km^2。

研究区域主要自然保护区基本情况如表 4.1 所示。

表 4.1 主要自然保护区基本情况

序号	保护区名称	行政区域	级别	类别	主要保护对象
1	三江源	玉树藏族自治州、果洛	国家级	内陆湿地	野生动植物及湿地、森林、高寒草甸等
2	新疆阿尔金山	若羌县	国家级	荒漠生态	有蹄类野生动物及高原生态系统
3	西藏雅鲁藏布江中游河谷	林周、达孜、浪卡子	国家级	野生动物	黑颈鹤及其越冬栖息地
4	甘肃尕海—则岔	碌曲县	国家级	森林生态	黑颈鹤等野生动物、高寒沼泽湿地森林生态系统
5	四川海子山高原湖泊群	理塘县、稻城县	国家级	内陆湿地	高寒湿地生态系统及白唇鹿、马麝、藏马鸡等珍稀动物
6	青海可可西里	治多县、曲麻莱县	国家级	野生动物	藏羚羊、野牦牛等动物及高原生态系统
7	中昆仑	且末县	省级	野生动物	藏羚羊等野生动物
8	西藏纳木错	当雄县	省级	内陆湿地	野生动物及湖泊、沼泽湿地生态系统

续表

序号	保护区名称	行政区域	级别	类别	主要保护对象
9	青海柴达木梭梭林	德令哈市	省级	荒漠生态	梭梭林、鹅喉羚及荒漠植被等生态系统
10	梅树村	晋宁县	省级	地质遗迹	中国震旦系寒武系界线层剖面

专栏 4.1　青海三江源国家级自然保护区

保护区概况。三江源保护区是长江、黄河和澜沧江三大河流的发源地，位于青藏高原腹地，青海省南部，是我国面积最大的湿地类型国家级自然保护区，是世界高海拔地区生物多样性最集中的自然保护区。

保护对象。以三条大江大河源头的生态系统为保护重点，保护对象主要是高原湿地生态系统、高寒草甸与高山草原植被以及重点保护的野生动植物等。

生态环境风险。保护区初步划定25处核心区，其中有8个湿地类型核心区，10个森林类型核心区，2个高寒草甸类型核心区，5个珍稀野生动物核心区。规划路径需要严格遵守国家法律，不得在核心区、缓冲区开展工程建设。

处理好生态敏感区和新型抽水蓄能与调水协同发展的相互关系，需要遵循生态优先、合理布局、成熟先行、因地制宜的原则。兼顾考虑自然保护区、生物多样性、地质灾害与土地盐碱化、环境污染与防治等重要生态环境影响因素，在规划选址、工程建设、运营维护等全流程，减少对生态环境的影响。其中，对于自然保护区，要避开自然保护区，避免选择具有重要生态功能和自然景观价值的天然湖泊作为上水库；对于生物多样性保护，要减少对自然生态系统的破坏与影响，保护生物多样性，避免单纯追求大落差、大装机容量；对于地质灾害，要避开重大地质灾害风险地段，减少大规模开挖和改变地貌带来的地质灾害风险；对于调水土地盐碱化，要加强调水河道治理，统筹考虑调水用途，避免引发土地盐碱化和次生盐碱化问题；对于环境污染与防治，要建设期优化布局，减少占地和开挖的工程量，减少环境污染，运营期优化抽放水的速率和幅度，减少因水文条件剧烈改变带来的环境影响。

4.2 环境影响

新型抽水蓄能与跨流域调水工程协同开发是重大基础设施建设工程，一方面能带来巨大的社会经济价值，另一方面也存在潜在环境影响，需要在系统评估环境影响的基础上，充分借鉴国内外重大工程生态环境防治的先进经验，结合工程方案特性开展有效保护措施，全面减少和减缓生态环境影响。

4.2.1 水环境

水环境影响主要包括水量和水质变化。水量方面，调水后坝址下游河道水位降低、水面宽缩小，水深相应地减小，随着沿程支流汇入，调水的影响程度逐渐减小。江水通过输水通道进入新疆地区和黄河流域，有效缓解了流域供需矛盾，河道内生态环境用水得到补充，有利于恢复干流河道基本功能，为流域水资源和水生态系统的良性循环提供保障。水质方面，在污染物总量一定的条件下，增加的清洁水源将稀释河流污染，提高受水河流自净能力。但需要注意枯水期支流流量较小，局部河段水质可能变差，蓄水初期库区或周边的氮、磷等成分进入水体，可能会产生水体富营养化，需要考虑建设配套防治措施，将河流水质维持在较好水平。

采取有效措施能够减少和降低对水环境的影响。以南水北调中线工程水源区水库保护为例（专栏 4.2），充分借鉴相关污染防治经验，积极配套建设废水处理措施、富营养化防治措施、截污引流工程等，能够保障调水水质安全，极大降低对水环境的影响。

专栏 4.2 丹江口水库水源区污染防治

丹江口库区及上游流域是南水北调中线工程水源区，随着人口增长、城镇化进程及经济社会发展，城市生活污染、工业污染、农村面源污染和水土流失等造成水质恶化。为妥善解决上述问题，在水源区采取了一系列措施，开展水污染治理，将区域划分成控制单元，强化治理水质不达标或不稳定达标优先控制单元，减少进入河流的污染物，满足调水的水质水量要求，见表 4.2。

工业污染防治。通过对涉水工业企业及工业集聚区污染治理，促进工业污染源全面达标排放。

城镇生活污染防治。城镇污水实际处理能力由 104 万 t/天提高到 159.03 万 t/天，其中提标改造污水处理 65.5 万 t，污水处理率从现状 80%提高到 90%。增加污染物削减化学需氧量 33913t/年、氨氮 4201t/年、总氮 3683t/年、总磷 501t/年。

城镇污泥与生活垃圾处理处置。新增垃圾和污泥焚烧发电处理能力 4000t/天，新增污泥（含水率 80%）处理能力 439t/天，基本实现资源化、无害化，减少二次污染和突发性污染事件风险。

农业农村污染防治。增加污染物削减化学需氧量 22415t/年、氨氮 1232t/年、总氮 7903t/年、总磷 146t/年。上述累计增加污染物削减化学需氧量 53031t/年、氨氮 5939t/年、总氮 25178t/年，分别削减水源区污染排放量的 31%、26.6%、42%。

表 4.2 达标治理优先控制单元污染物削减任务表 单位：t/年

序号	控制单元名称	化学需氧量排放量	氨氮排放量	化学需氧量新增量	氨氮新增量	化学需氧量最低削减量	氨氮最低削减量
1	Ⅰ-1 老浦河卢氏栾川控制单元	1757.1	166.5	37.9	4.7	364.5	4.7
2	Ⅰ-2 老灌河西峡控制单元	1892.6	206.7	104.5	13.1	199	13.1
3	Ⅰ-7 丹江商州控制单元	5591.6	579.6	115.6	14.4	855	59.5

续表

序号	控制单元名称	化学需氧量排放量	氨氮排放量	化学需氧量新增量	氨氮新增量	化学需氧量最低削减量	氨氮最低削减量
4	Ⅰ-8 丹江丹凤控制单元	5904.6	528.4	66.1	8.3	453	41.7
5	Ⅰ-10 丹江人库前控制单元	740	88.8	17	0.8	180	1
6	Ⅰ-19 剑河控制单元	283.5	44	18.5	2.3	103.9	13.1
7	Ⅰ-20 官山河控制单元	178.5	19.6	3.6	0.4	63.4	6.4
8	Ⅰ-21 泗河控制单元	1901.1	367.9	46.4	5.8	588.4	117.7
9	Ⅰ-22 神定河控制单元	5770.8	1156.9	199.3	24.9	1211.8	383.6
10	Ⅰ-23 犟河控制单元	1557.8	35.1	4.1	0.5	600.7	6.9
11	Ⅱ-2 夹河湖北控制单元	1161	178.5	28	3.2	28	4.2

4.2.2 地质土壤

地质土壤影响主要包括地面沉降、泥沙淤积和水土保持变化。地面沉降方面，调水工程通水后对地下水资源的需求量将有所下降，调水灌溉可以减少地下水的开采，促进地表水、土壤水和地下水循环，防止地面沉降。但需要注意，水利工程建设通常是大型钢筋水泥结合体，容易导致地壳的不平衡，从而容易诱发地震等地质灾害，工程建设需要避开地震带。泥沙淤积方面，调水工程将使河流来沙中的悬移质泥沙大幅度减少，导致河床不稳定，槽、滩之间的泥沙交换更加频繁，需要重点关注泥沙运动格局对河口沉积过程的影响。水土保持方面，调水后水资源增加可以置换出部分水量，用于弥补水土保持工程产生的减水量，经过积年累月能够形成薄层积水土壤的过湿地段即湿地，汇集和储存水分，有助于水土保持。但如果忽视配套排水系统，加上供、输、配水系统的水量损失和蒸发，容易造成土壤盐碱化。

兼顾科学规划与综合治理，减少或减缓对土壤地质的环境影响。充分借鉴丹江口水库水源涵养和生态保护（专栏 4.3）等先进经验，在工程方案选址初期避开土壤地质环境脆弱区域；建立土壤环境监测系统，布置区域性及专门性的地下水和土壤演变过程监测网点，以便及时发现问题、采取对策；开展综合治理，与当地旱涝碱防治相结合，建立起良性循环的农田生态环境系统；最终有效实现保护土壤地质环境和防止水土流失。

专栏 4.3 丹江口水库水源涵养和生态保护

2012 年以来，丹江口库区及上游地区生态环境得到了显著改善，主要生态环保指标高于全国同期水平。森林覆盖率由 2012 年的 65.29%增长为 2015 年的 67.7%。在水库周边及城区段河流深化生态建设，修复库周河口生态，减轻库周污染。开展小流域综合治理，治理水土流失 3210km^2，建设生态清洁小流域 1127km^2。开展退耕还林还草和石漠化治理，增加森林草原植被 1200km^2，天然林保护面积 4549km^2。新增治理区林草覆盖率提高 5～10 个百分点，年均减少土壤侵蚀量 0.2 亿～0.3 亿 t，增加涵养水量 12 亿 m^3。

采取的主要措施包括：

库区周边生态隔离带建设。继续巩固“十二五”期间建设的丹江口水库周边生态隔离带，在库区海拔 165～172m 的库周消落区，大力开展人工造林；在库区海拔 172m 以上的第一道山脊线以内建设生态隔离带。加强自然保护区建设与管理，积极开展村庄绿化，鼓励在主要入库河流两岸建设植物过滤带，减少农村生产生活污染直接入库。

水土流失综合治理。按照国家级水土流失重点预防区的防治要求，全面加强预防保护和监督管理。在人口相对集中、坡耕地较多、植被覆盖率低的区域，以小流域为单元，综合采取营造水土保持林、坡改梯及配套坡面水系工程，发展特色经济林果、封育保护、沟道防护、溪沟和塘堰整治等措施，以 19 个水土流失治理类优先控制单元为重点，实施小流域水土流失综合治理工程。

林业生态建设。丹江口水库饮用水水源保护区（含准保护区）范围内 15° 以上坡耕地，全面实施退耕还林还草还湿，纳入省级耕地保有量和基本农田保护指标的调整方案。对石漠化严重地区实行综合治理，实施长江流域防护林体系工程建设，采取封山育林、人工造林、草地建设等植被恢复措施，限制土地过度开发，加强石漠化地区的植被建设，增强水源涵养能力。

4.2.3 生物多样性

生物多样性影响主要包括水生生物和陆生生物变化。水生生物方面，调水工程对水生动植物的影响较为复杂，水库蓄水后，有利于水体中浮游动植物和底栖动物种群的生长繁殖和扩大，饵料生物量的增加又进而促使鱼类的繁殖、发育。但是建库后将改变部分鱼类的洄游、栖息、素饵和繁殖的生态条件，引水坝址以下至支流汇入江段，河道中流量骤减，河段内水生生物栖息环境随之明显缩小，需要重点关注坝址上下游鱼类的生态隔离影响，以及水生生物种群结构改变和食物链生态平衡。陆生生物方面，直接影响是对植被与动物生境的淹没，需要结合淹没区植物分布种类、调水区其他相近生境中的分布特征、海拔、动物的迁徙能力等因素，综合评估对陆生动植物的影响。同时，由于陆生野生动物对植被资源有较强的依赖性，生长繁殖与气候条件有关，需要结合动物栖息地与生长环境变化，评估对陆生动物的综合影响。

建立生态监测评估系统，积极开展生物保护，能够有效减少和减缓对生物多样性的影响。根据南水北调、青藏铁路等重大工程的生物多样性保护经验，工程实施会对周边地区的各类生态因素产生一定影响，需要建立生态监测评估系统，对这些影响进行跟踪，及时捕捉不利影响的发生，以便采取相应措施加以解决。具体保护措施包括：保护调水沿线植被生态及动物种群生活，防止移民搬迁以及施工过程中对动植物的破坏，禁止捕猎珍稀动物，对工程建成后动植物种群变化可能引起的危害采取有效生态措施进行控制等。

专栏4.4 大渡河的鱼类与调水工程影响

大渡河鱼类基本情况。大渡河已知鱼类97种，其中鲤科种数占59.8%，鳅科10.4%，鮡科7.2%，平鳍鳅科5.2%，鲱科3.1%，其余10科14种共14.3%。[1]从种数来说，大渡河的鱼类占四川鱼类种数的43%左右。虎嘉鱼、齐口裂腹鱼、重口裂腹鱼、大渡软刺裸裂尻鱼、麻尔柯河高原鳅、青石爬鮡是大渡河的水系最主要的六种鱼类。

调水工程对鱼类的影响。工程对引水水域鱼类影响的主要表现形式是繁殖场所、摄食场所的损失，而对越冬的影响不大。河流建坝后，大渡河水系的珍稀和保护鱼类仍能在坝下维持一定的规模，但由于鱼类栖息地面积缩小和饵料生物总量减少，可能会导致水体环境对鱼类种群容纳量的减小，使各鱼类种群的总资源量有所下降。调水工程对鱼类的影响情况见表4.3。

表4.3 调水工程对鱼类的影响情况

种类	坝址以上栖息地损失影响	坝上繁殖场所损失影响	坝下水文变化对繁殖的影响	坝下水文变化对栖息地的影响	工程运行后坝上种群发展趋势	工程运行后坝下种群发展趋势
虎嘉鱼	非主要栖息地	非繁殖场	影响	影响	非主要栖息地	维持一定规模
齐口裂腹鱼	非主要栖息地	非繁殖场	影响	影响	非主要栖息地	维持一定规模
重口裂腹鱼	非主要栖息地	非繁殖场	影响	影响	非主要栖息地	维持一定规模
大渡软刺裸裂尻鱼	影响	影响	影响	影响	维持一定规模	维持一定规模
麻尔柯河高原鳅	影响	影响	影响	影响	维持一定规模	维持一定规模
青石爬鮡	非主要栖息地	非繁殖场	影响	影响	非主要栖息地	维持一定规模

[1] 叶妙荣，傅天佑．四川大渡河的鱼类资源[J].资源开发与保护，1987（02）：37-40.

4.3 环境保护机制

环境保护机制是落实环境保护措施的基石，通过推动综合统筹、跨流域生态补偿、移民安置等保障机制，能够促进环境措施落实到位，推动工程建设与经济、社会、能源、环境协调发展。

4.3.1 综合统筹

水资源综合治理，遵循先节水后调水和先环保后用水的原则，在优化水资源合理配置的前提下做好水量分配、水质保障和用水科学工作，确保调水合理、水质安全，用水节约，为水资源合理配置提供坚实基础。水量方面，要始终将节水放在首位，统筹协调水源地、受水区和调水下游区域用水，根据水量分配指标合理配置受水区用水。水质方面，对水源地实行重点水污染排放总量控制和水环境生态保护补偿制度，确保供水安全。用水方面，统筹配置工程用水和当地水资源，严格控制地下水开发利用，保护和改善生态环境。

建立用水刚性约束，通过建立科学、有效的用水约束指标体系，将工程建设对水资源的影响限定在水资源的承载能力之内。具体指标可以包括保护生态指标、总量控制指标和用水效率指标等，确立水资源开发利用控制、用水效率控制、水功能区限制纳污三条红线，充分发挥红线约束调节作用，根据不同地区的水资源状况和用水水平，制定和完善农业、工业、服务业等用水定额体系，促进经济社会发展与水资源水环境承载能力相协调。

完善水价传导机制，以新型抽水蓄能与调水协同发展为契机，深化水价改革，加快完善有利于促进水资源节约和水利工程良性运行、与投融资体制相适应的水价形成机制，将调水产生的生态影响通过价格机制有效传导。推进水资源税改革。落实节约用水财税政策，运用税收的调节作用，推进水资源价格改革，从而限制地下水不合理开发，推进地下水超采治理，合理开发地表水，促进水资源节约和保护。

专栏 4.5 汉江中下游统筹治理工程

南水北调中线工程对汉江中下游的影响主要在于：一是调水后汉江中下游水量减少、水量年内分配被改变，进而汉江中下游的水文情势发生变化；二是水文情势变化对汉江中下游的水环境和水生态造成一定程度的影响。为了缓解调水对汉江中下游的影响，由兴隆水利枢纽、引江济汉工程、部分闸站改建工程和局部通航整治工程组成汉江中下游治理工程。

兴隆水利枢纽。作为汉江干流规划的最下一个阶梯，主要任务是枯水期壅高库区水位，增加航深，以改善回水区的航道条件，提高罗汉寺闸、兴隆闸及规划的王家营灌溉闸和两岸其他水间、泵站的引水能力。农田灌溉面积从过去的 170 万亩增加到约 327.6 万亩，灌区水源保证率可达到 95%以上。库区航运能力翻了两番以上，该航道段以前年通航能力不足 3000 艘，而 2015 年通行 8000 多艘，安全过闸船舶数量累计达 15481 艘。利用库区水资源发电，多年平均年发电量 2.25 亿 kWh。有效改善库区水环境和生态环境，湖北省内绝迹多年的中华秋沙鸭、黑鹳等国家一级保护动物出现于汉江兴隆水域。

引江济汉工程。引江济汉工程从长江引水补充汉江兴隆至河口段的流量，主要是为了满足汉江兴隆以下生态环境用水、河道外灌溉、供水及航运需水要求，还可补充东荆河水量。可基本解决南水北调中线调水对汉江下游水华的影响，以及东荆河的灌溉水源问题，从一定程度上恢复汉江下游河道水位和航运保证率。截至 2018 年 6 月，引江济汉工程累计调水 110 多亿 m^3，及时满足了汉江兴隆以下河段、长湖流域荆州市江陵县和监利县等地及荆州古城不同层次的供水需求；将四湖地区灌溉面积由 80 万亩扩大为 320 万亩；解决东荆河区域灌溉及 80 万人饮水水源问题；有效缓解长湖防洪压力。

闸站改建工程。工程有效解决了原有闸站的灌溉、供水问题，在农业灌溉及城市供水、生态补水等方面发挥了重要作用。在抵抗 2013、2014 年的大旱中，汉川市闸站改造工程发挥了巨大的效益，闸站机组累计运行 26800 台 •h，耗电 722 万 kWh，累计调水 595.5 万 m^3，很大程度上确保了汉川市工农业生产及生活用水安全。

航道整治工程。通过对整个航道段水域观测情况看，该段航道整治成效明显，达到了稳定滩群、束水归槽的作用，过去经常搁浅受阻的航段，现在已无船舶搁浅阻航现象发生，实现兴隆以下达到1000t级航道标准，襄樊—兴隆达到500t级航道标准、满足Ⅳ级航道标准，丹江口—襄樊段也按预期达到了Ⅳ级航道标准。

4.3.2 跨流域生态补偿机制

明确生态补偿中调水区和受水区相关权益。跨流域调水工程会对调水区、蓄水区、受水区和调水沿线的生态系统和环境产生影响。对于调水区，作为水生态环境的保护者，需要关注水源地的生态环境保护、生态修复补偿和发展机会补偿，保障调出的水量、水质和水生态。对于受水区，合理高效利用调入的水资源才能保障调水区和受水区的利益。因此，制定合理的水价是关键，水价应当充分反映水资源真实价值，调节受水区对水资源需求，提高水资源利用效率。国家主导的跨流域调水生态补偿运行方式如图4.1所示。

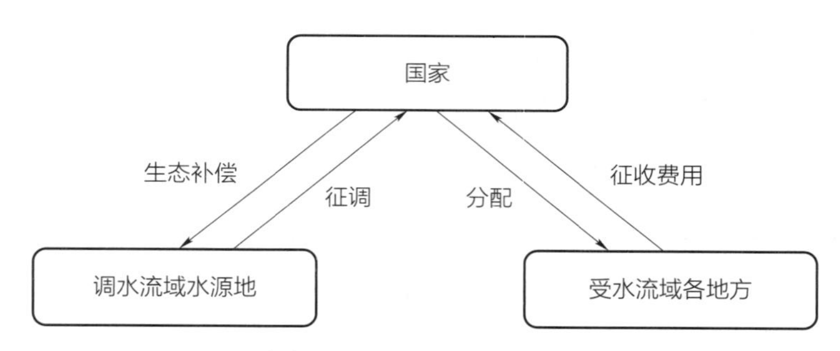

图4.1 国家主导的跨流域调水生态补偿运行方式

建立科学系统的生态补偿机制。一是完善补偿标准，跨流域调水生态补偿标准体系中应体现水环境容量的价值损失补偿标准、水资源社会经济价值损失补偿标准和生态环境功能价值损失。二是明确补偿周期，考虑补偿方式、资金来源、补偿标准可能存在的时间差异，充分尊重调水区和受水区的实际情况，定期评估和调整生态环境的补偿额度，进行科学、动态、可持续的补偿。三是发挥市场作用，在政府为主体的前提下，充分发挥市场机制的补充作用，建立用水权市场化交易制度，完善用水权交易规则、技术标准和数据规范。

专栏 4.6 南水北调中线水源区重点生态功能转移支付政策

为保障南水北调中线水质安全，缓解丹江口库区及上游地区因水污染防治、关停污染企业和限制部分产业发展对水源区地方造成的就业安置、财政减收增支等影响，支持水源区积极调整产业结构实现转型发展，自 2008 年起，财政部将南水北调中线水源区纳入国家重点生态功能区转移支付的范围，对水源区实施生态补偿。

促进地方生态环境保护与改善。这项政策的实施，调动了水源区保护水质的积极性，缓解了地方政府因保护生态环境造成的财政收入减少及社会保障支出增加带来的困难，提高了地方治污环保和生态建设的能力，促进了水污染防治措施实施后产业结构的调整。

社会经济发展取得了显著的成效。2012 年以来，丹江口库区及上游地区经济社会发展取得了巨大成就，主要经济发展指标年均增长率已经全面高于全国平均水平。2015 年，该地区生产总值 4873 亿元，年均增长率为 10.17%；人均 GDP 为 29745 元，较 2012 年增长 31.41%；城镇居民可支配收入和农民人均纯收入分别为 25457 元和 8541 元，分别是 2012 年的 1.35 倍和 1.43 倍，年均增长分别是 10.44%和 12.77%，城乡居民收入之比由 2012 年的 3.17:1 缩小到 2.98:1，与全国的相对差距也在进一步缩小。

4.3.3 移民安置

因地制宜制定移民安置方案。目前我国移民安置的方式主要有分散安置、集中安置、直接一次性补偿安置、投靠亲友安置等，单一移民安置存在一定不确定性，需要针对不同群体特征，因地制宜制定安置方案，坚持以人为本，按照前期补偿与后期扶持相结合的原则，最大程度保障人民生活水平不受工程影响。

做好前期安置管理和后期扶持工作。移民安置管理工作，要坚持以人民为中心的发展思想，落实高质量发展要求，维护移民合法权益，促进水利工程顺利建设和发挥效益。严格跨流域调水工程移民安置前期工作程序，充分征求移民群众意愿，维护移民安置区和谐稳定。移民安置后期扶持工作，要深入推进各项扶持政策落实，以实施乡村振兴战略为统领，以移民美丽家园建设、产业转型升级、移民就业创业能力建设为重点，加速移民安置区经济社会发展，实现大型水利工程移民后期扶持政策中长期目标。

统筹协调组织实施和监督管理。要明确移民安置工作的实施管理和监督管理要求。各级主管部门要明确自身责任范畴，根据要求的工程建设和移民安置任务，做好征地补偿和移民安置计划，依照规定严格落实执行。同时，政府需采取切实措施，使被征地农民生活水平不因征地而降低，农村移民按照规划搬迁安置后，生产生活水平低于搬迁前水平的，应通过后期扶持，使其达到搬迁前水平。

4.4 小　　结

新型抽水蓄能与跨流域调水是一项重大的基础设施建设工程，一方面工程实施能够带来巨大的经济社会价值，另一方面也会对水环境、土壤地质、生物多样性等产生影响。调水后，清洁水源通过输水通道进入新疆地区和黄河流域，增加西北地区生产生活用水，有效缓解了水资源供需矛盾，通过生态补水促进河道生态功能恢复，提高受水河流自净能力，为水资源和水生态系统的良性循环提供保障。与此同时，工程建设过程中的环境污染和土地占用等问题需要予以关注和妥善处理。多年来，我国在南水北调、青藏高原铁路、特高压输电、港珠澳大桥等重大基础设施工程建设方面取得了举世瞩目的成就，同时也积累了丰富的生态环境保护经验，通过充分借鉴以往工程的保护范例，结合调水与抽水蓄能的工程特征和特性，通过工程措施和政策机制多措并举，将有效减少和缓解建设期的生态环境影响，促进调水工程与生态环境协调发展。

5

综合价值

以新能源开发和水资源调配为突破口，统筹解决“水－能－粮”安全问题，事关中华民族伟大复兴和永续发展。实施基于新型抽水蓄能的西部调水新方案能够有效消化工程施工产能、带动有效投资，拓展国家发展空间和战略纵深，优化我国向西开放的地缘政治格局，重塑西北地区生态环境，促进能源低碳转型，具有显著的社会经济环境效益。

西部调水新方案调水量每年 400 亿 t，打通“五江一河”之间的水系通道，向黄河流域和新疆地区调水，辐射海河、淮河、长江流域和西南诸河，将惠及 2 亿人口，为沿途 6 个省份、24 个地市提供清洁水源，如图 5.1 所示。

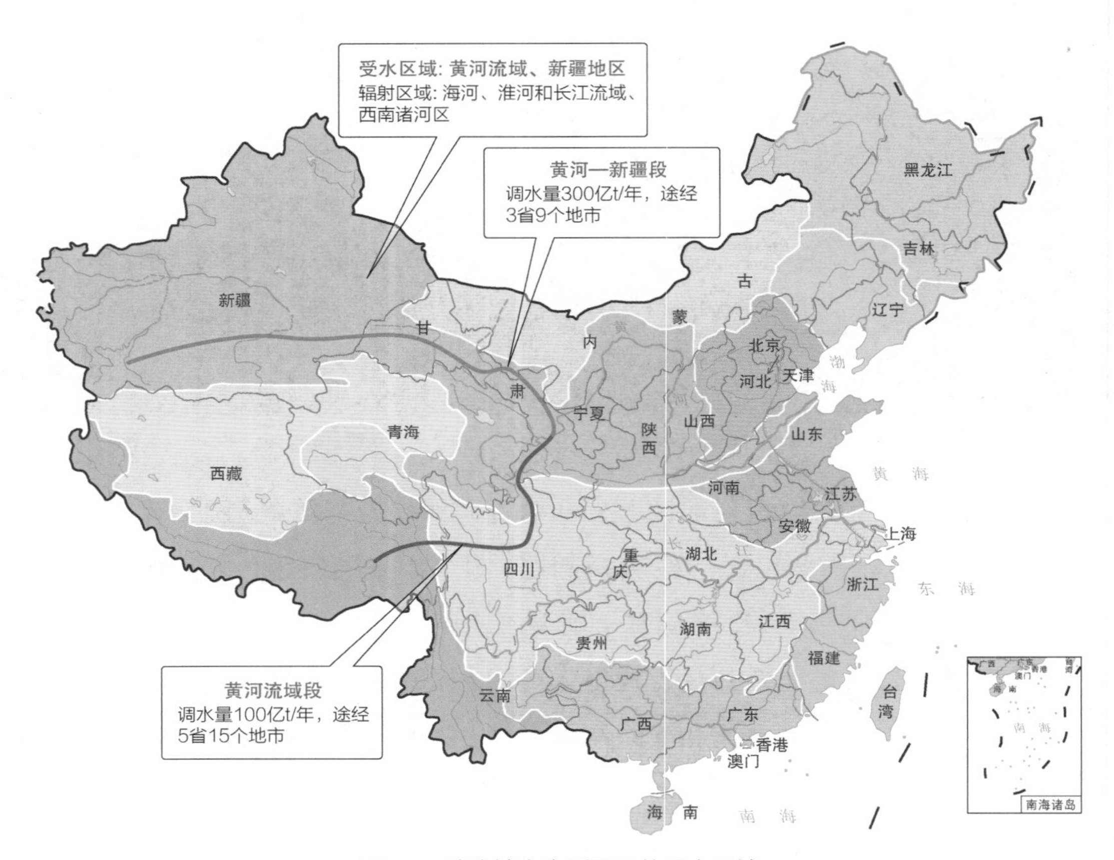

图 5.1 跨流域水资源调配的受水区域

基于新型抽水蓄能的跨流域调水是集供水、蓄能、发电、灌溉为一体的综合性工程，具有显著的综合效益。按照“工程建设+跨流域调水+抽水蓄能调节”一体化综合效益评估原则，开展粮食安全、能源转型、生态环境、经济社会 4 方面，共计 13 大类指标综合效益的量化评估，如图 5.2 所示。

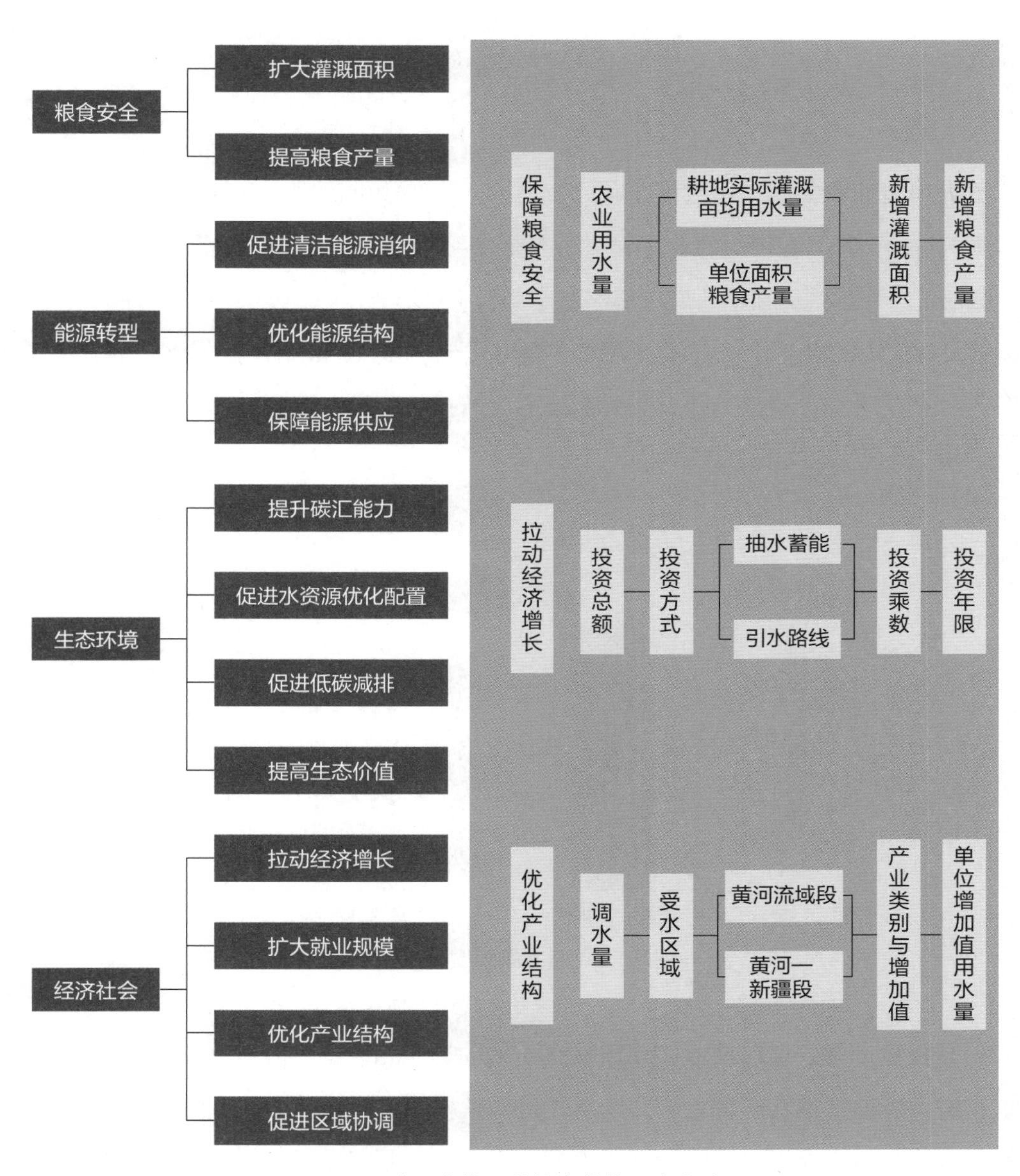

图 5.2 电 – 水协同的综合价值研究方法

5.1 保 障 粮 食 安 全

扩大灌溉面积。通过调水可以有效发展因水资源短缺而制约开发的大量土地，扩大可灌溉的耕地面积，在扩大农业发展空间上具有巨大潜力。同时，在保障粮食安全的基础上，在西部、北部地区新增耕地，能够对东部农田进行置换，使得东部相对稀缺的土地资源能够发挥更大的经济价值。西部调水方案可形成 400 亿 m^3 的调水规模，总共提供约 300 亿 t 农业用水。通过提升农业用水技术、加强灌溉和水资源管理，最终可实现新增灌溉面积 1.5 亿亩，如图 5.3 所示。

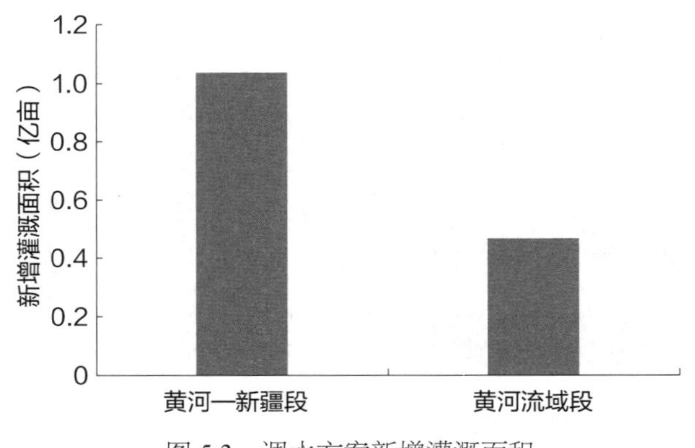

图 5.3 调水方案新增灌溉面积

提高粮食产量。通过调水实现对现有耕地的提质和改善，提升单位面积耕地的生产质量，进一步提升粮食产量。大力发展先进种植模式、滴灌节水等灌溉技术，采取水量计量、水价政策、灌溉过程的计算机管理和遥控、水肥同步施用等措施提高灌溉水利用率，加大产业投资，形成产业输出，带动经济内循环。调水方案提供的充裕调水量可提升现有耕地的平均供水量，按农业品种谷物和棉花折算，相当于可分别新增产量 6800 万 t 和 1900 万 t，如图 5.4 所示。

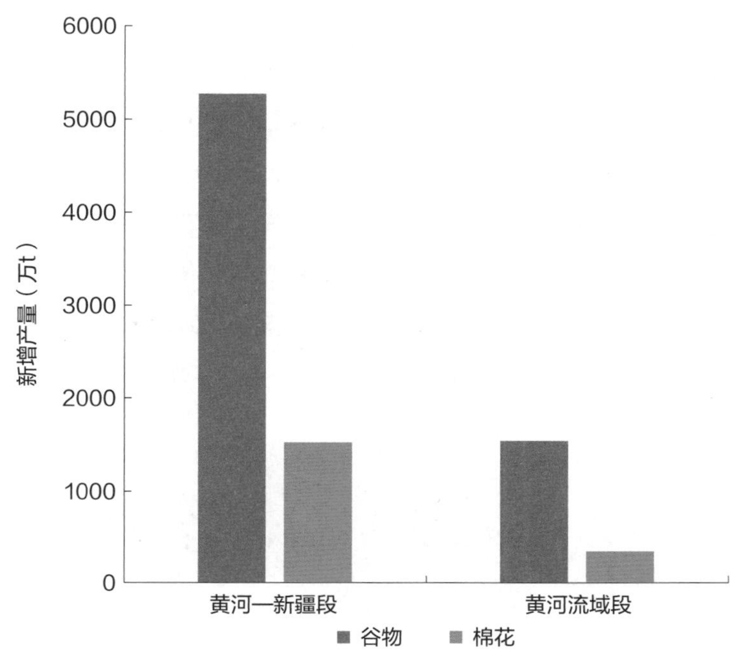

图 5.4 调水方案新增农业产量

专栏 5.1 以色列节水高效农业

以色列是一个严重缺水国家，水资源匮乏，并且分布不均匀。为了利用有限的水资源，以色列采取了明智的措施，制定并严格执行有关政策，通过发展节水高效农业，几乎实现了粮食产品的自给自足以及花卉、蔬菜、水果等农产品的大量出口。

建设管道输水工程。以色列政府兴建了北水南调输水工程，形成了全国 350km 骨干输水、配水管网，将水高效地配送到各个农业用水区域，极大地减少由北向南长距离明渠输水的蒸发和渗漏损失。所有农业用水通过管网送到农业用水单位，为农民采用滴灌和微喷灌等先进的压力灌溉创造了条件。

推行滴灌技术。喷灌、滴灌（包括微喷灌）的面积分别达到 25%和 75%。在计算机控制下的喷灌、滴灌系统可以根据作物的最佳生长需要，及时精确供给作物水肥，不仅最大限度地提高了水肥利用率，而且最大限度地提高了作物产量和质量。

污水与微咸水利用。以色列十分重视污水的资源化利用，将它作为补充淡水资源不足的宝贵水资源。全国约有 2.5 亿 m^3 的污水已得以利用，分布在城镇周围的果园主要用处理过的污水灌溉。

用水政策与管理方式。以色列对全国水资源统一管理，实行全国统一水价。同时，充分利用经济和市场法则调动社会各方面参与节水和高效用水管理。农民在推广人员的指导下，及时更新和采用新的节水灌溉技术以减少农田水的消耗。

5.2 促进能源转型

为风光新能源大规模开发消纳提供新途径。利用风、光等新能源满足西部调水工程向上扬水抽水所需要的大量电力，可促进西部新能源富余电量消纳，减少弃光、弃风。提水工程每年耗电 1.23 万亿 kWh，大约相当于 5.5 亿 kW 风电或 10 亿 kW 光伏机组的年发电量，为西部资源富集地区新能源大规模开发提供消纳途径。

提升新型电力系统的灵活调节能力。工程建设抽水蓄能装机容量 6.5 亿 kW，水电装机容量 2 亿 kW。经测算，可为系统提供超过 6.5 亿 kW 常规抽水蓄能（或新型储能）的调节能力，满足 15 亿～20 亿 kW 风光新能源灵活调节要求。随机波动的风光新能源发电通过与新型抽水蓄能打捆调节后，可以向当地用电负荷供电或远距离外送，安全性、稳定性和设备利用率均可达到较高水平。逐小时生产模拟分析结果如图 5.5 所示。

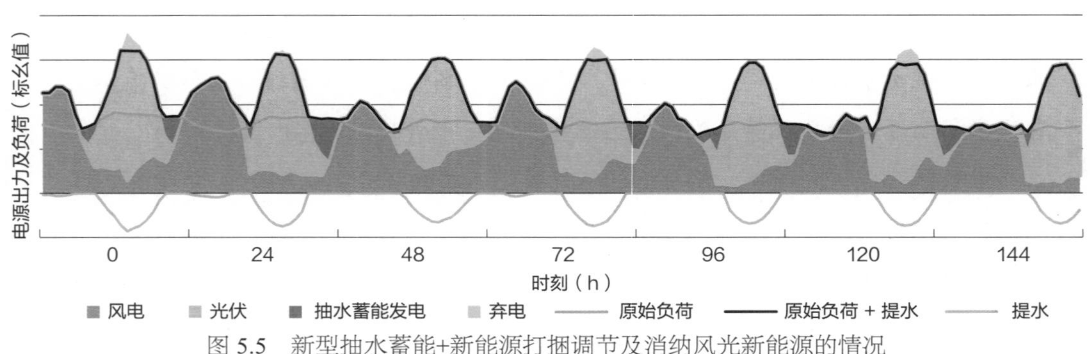

图 5.5　新型抽水蓄能+新能源打捆调节及消纳风光新能源的情况

专栏 5.2 新型抽水蓄能的调节能力分析

基于新型抽水蓄能的调水工程相当于为电力系统配备了巨型的储能设施。总体来看，工程的调节能力来自三个方面。一是工程调水的抽水用电负荷能与波动新能源出力特性匹配，相当于一个可调节、可中断的负荷；二是工程调水的受水端建有水力发电机组，利用工程高位势能水发电，相当于一个出力可控的常规水电；三是工程取水端在非调水时段（工程约80%的时间），统筹各水库蓄水情况，可采用“就地抽发”的常规抽水蓄能方式运行，为系统提供灵活调节容量。因此，利用工程抽水和发电两侧共同提供的调节能力，能够有效平抑风光新能源发电的随机波动性，保证系统输出持续稳定可调节的电力。

采用全球能源互联网发展合作组织研发的电力系统源网储联合优化模型（GTEP），采用中国西部典型区域的风光出力特性，完成了西部调水工程与风光打捆运行模拟研究。

电网条件。计算中假设西南、西北建成统一大电网，不存在由于网络约束导致的弃风弃光。

清洁能源发电。在西部地区选取典型区域的风电和光伏出力特性，光伏利用小时 1800h，风电利用小时 2500h。拟定光伏和风电装机比为 2:1。

用电（或外送）负荷特性。全年用电（外送）负荷特性的最大负荷利用小时约 6400h。具体曲线可参照 2.3.4 有关内容。

取水端的蓄能装机容量 6.5 亿 kW，在提水负荷利用小时 1900h 情况下，配置风电装机容量 8 亿 kW 和光伏装机容量 15.4 亿 kW，可同时满足 1.2 万亿 kWh 调水耗电需求和 5 亿 kW 的稳定用电（外送）负荷要求，如图 5.6（a）所示。

受水端水电装机容量 1.9 亿 kW，在发电利用小时 5500h 情况下，配置风电和光伏装机容量 1.4 亿 kW 和 2.6 亿 kW，可满足 3 亿 kW 用电（或外送）负荷，如图 5.6（b）所示。综上，该工程可带动约 27 亿 kW 新能源电力高效利用，同时满足 8 亿 kW 负荷的稳定可靠供电。

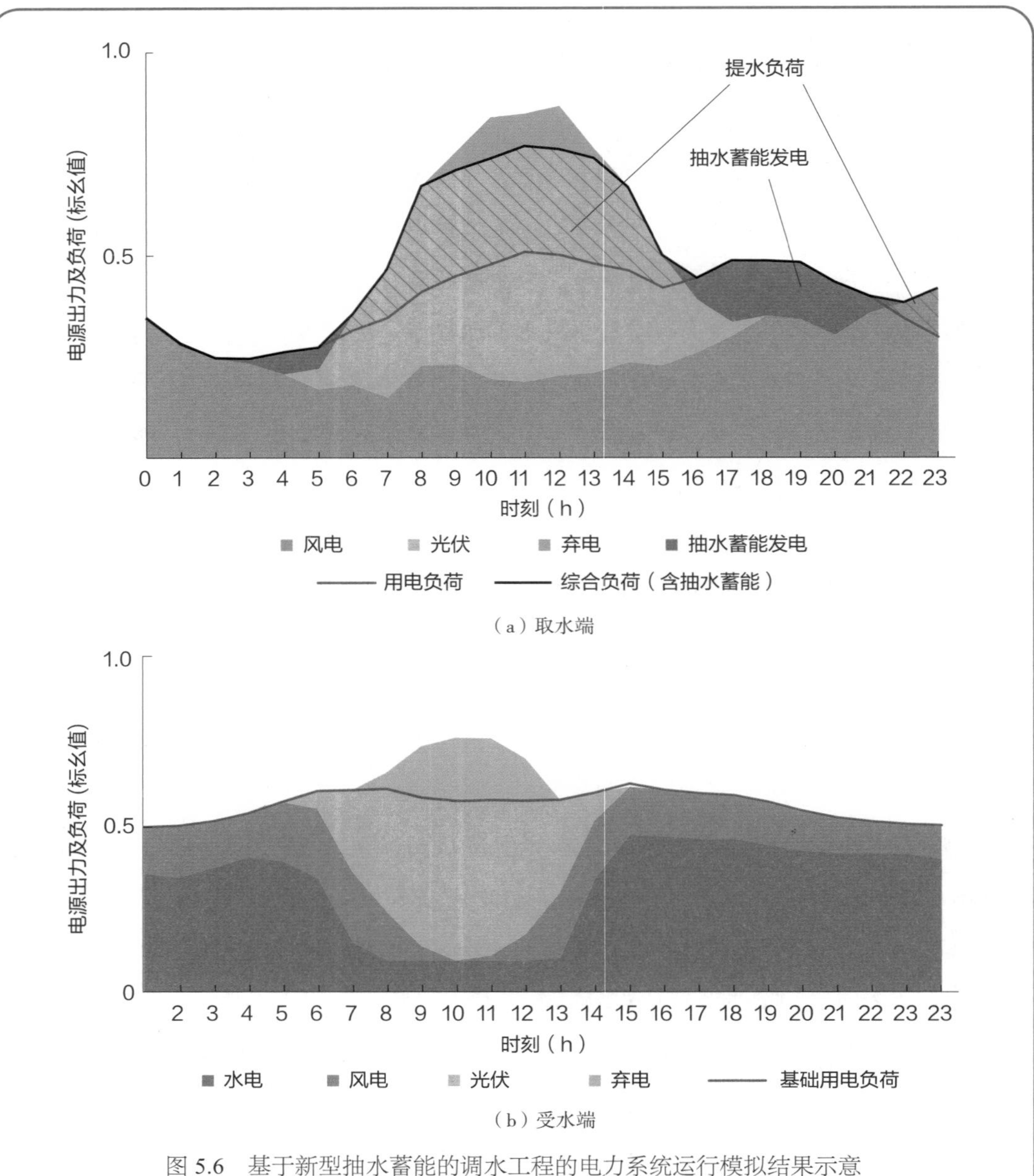

（a）取水端

（b）受水端

图 5.6　基于新型抽水蓄能的调水工程的电力系统运行模拟结果示意

考虑到不同风光比例下电力特性不同，西部不同地区的风光出力也存在较大差异，计算中未考虑工程所涉及各流域的来水特性、水库调蓄能力等情况，总体来看基于新型抽水蓄能的西部调水工程将成为西部地区新型电力系统重要的灵活调节电源，可以满足 15 亿～20 亿 kW 风光新能源灵活调节的要求。

提高能源供应的安全保障水平。调水工程总库容量达到 330 亿 m^3，利用各级水库之间的高差能够实现巨量的能量存储。相比常规抽水蓄能仅能实现日调节或者周调节，新型抽水蓄能的储能能力更强，能够达到年调节的水平。抽水机组可以作为灵活负荷，发电机组可以为系统提供电源支撑，新型抽水蓄能在源荷双侧有效提升电网韧性。特别是在电力系统遭遇连续多日无风无光天气时，新型抽水蓄能可以有效提高保障电力供应安全的能力。

受极端天气影响，国内外多地已频繁报道了用电负荷升高、系统供电能力不足的情况。在风光等新能源成为主体电源的情况下，极热无风、极寒无光、长时无风或阴雨等情况将对系统产生越来越大的影响。各类气象情况不仅可以通过空调、电热设备推高用电需求，同时也存在电源出力大幅下降甚至无电可用的供电风险。以甘肃某气象站数据为例，根据 1980—2020 年共 40 年的历史监测数据统计，连续 3 天小风寡照（风电低于 10%，光伏低于 20%）的天气情况出现了 34 次，相当于这种天气情况大约每 10 个月会出现 1 次；最长连续小风寡照天气持续达 13 天。40 年监测数据中连续风光出力极低天气情况统计结果见图 5.7。

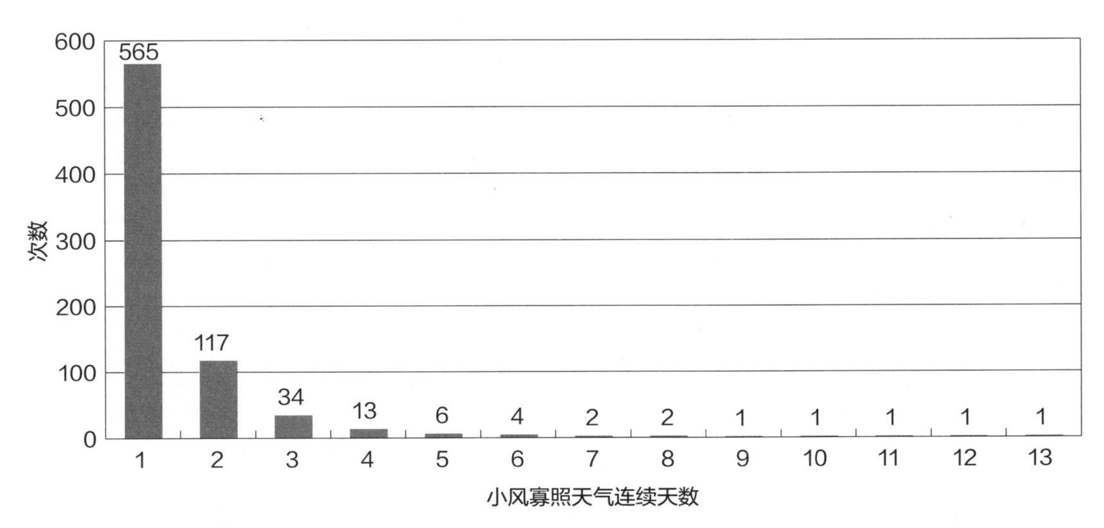

图 5.7 甘肃某气象站连续小风寡照天气情况次数统计结果

根据生产模拟计算，当遭遇这种连续小风寡照天气过程时，以工程各级水库的存水作为支撑，在取水端，抽水蓄能机组暂停抽水降低用电需求，转为发电模式提供电力支撑；在受水端，发电机组加快放水提高发电出力，补足系统电力平衡缺口。当风、光出力增大后，取水端恢复为抽水工况，受水端机组减少放水，逐渐恢复各级水库蓄水量。遭遇连续小风寡照天气过程的电力平衡情况如图 5.8 所示。

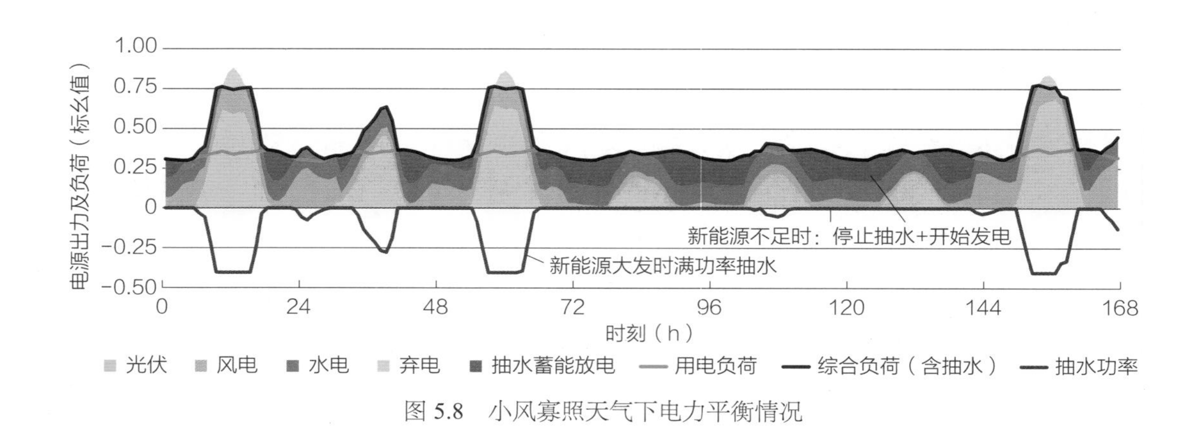

图 5.8　小风寡照天气下电力平衡情况

提高清洁能源占比，优化能源结构。以新型抽水蓄能替代传统化石能源作为灵活调节电源，能够提升新能源在一次能源供应中的占比，促进西部新能源更大规模的开发和外送，推动能源供给侧的结构优化。为实现“碳达峰、碳中和”战略目标，预计到 2050 年，我国全社会年用电需求将达到 16 万亿 kWh，电力系统需要基本实现净零排放[1]。建设基于新型抽水蓄能的西部调水工程，可提供 6.5 亿 kW 的双向灵活调节容量，减少火电调节机组超过 8 亿 kW，如图 5.8 所示。一方面，新能源在总体电源结构中的占比由 65%提升至 68%，降低了发电侧总体碳排放；另一方面，降低火电机组装机容量，在实现电力系统净零排放的情况下，每年可减少二氧化碳捕集及封存量约 20 亿 t，提高能源清洁转型的可行性和经济性。同时，西部规模化开发的新能源不仅用于满足西部地区省内或区域内用电增长，结合“西电东送”“北电南供”的总体电力流格局，也将有效改善中东部地区的用能结构，实现能源清洁替代，有力促进我国整体能源结构低碳转型。新型抽水蓄能对电源装机结构的影响如图 5.9 所示。

[1] 全球能源互联网发展合作组织. 中国碳中和之路［M］. 北京：中国电力出版社，2021。

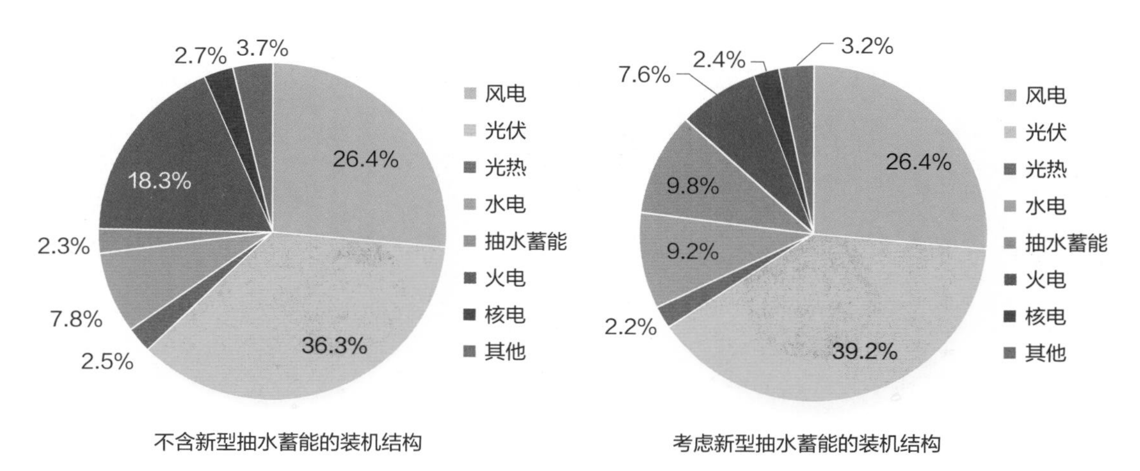

图 5.9 新型抽水蓄能对电源装机结构的影响（2050 年）

5.3 保护生态环境

提升碳汇能力。通过调水可补充西北地区土壤水分，在荒漠化地区种植牧草、粮食或油料作物、人工林等，增加植被面积、增加全链条固碳量，通过有机质地表覆盖、秸秆还田固碳等方式，配套生物质能碳捕集与封存技术，同时增加作物地下和地上固碳能力，提升碳汇能力。按照当前用水比例计算，工程调水 400 亿 m^3，新增农业用水约 300 亿 m^3，按照种植玉米测算，总碳储量可增加约 5700 万 t。

专栏 5.3 电–水–土–农–汇新型发展模式

电–水–土–农–汇生态修复模式（见图 5.10），是通过新型抽水蓄能和跨流域调水工程实现清洁能源发电和水资源跨区域优化配置双重效益，增加干旱区植被覆盖面积，促进生态修复，增加碳汇的新型发展模式。

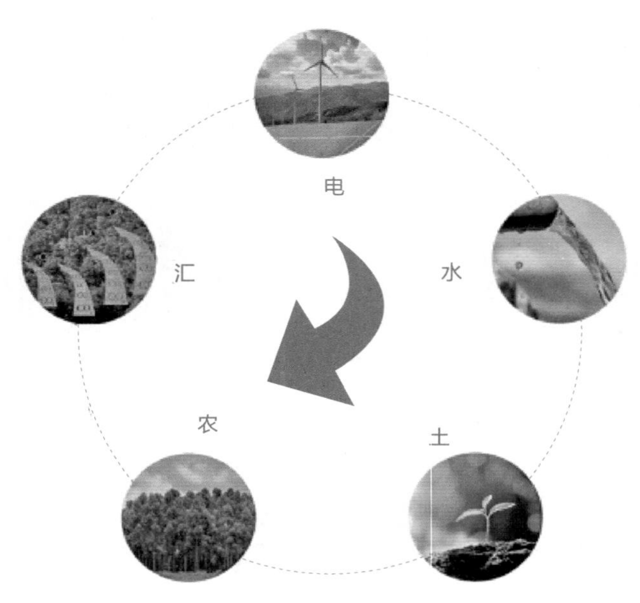

图 5.10 “电–水–土–农–汇”模式

以开发清洁电力为基础。在水能资源丰富的西部地区，建设新型抽水蓄能机组，通过常规抽水蓄能提供调节能力，通过水能发电机组最大程度回收能量，同时将随机波动的新能源电力转换为稳定可控的水电电力。在满足调水的前提下，提供大量的灵活性资源，提供持续灵活的调节能力。

以优化水资源配置为重点。基于新型抽水蓄能理念，建设调水工程实现跨流域水资源调配，同时为电力系统提供灵活性潜力，实现跨流域水资源优化配置与新型电力系统协同发展。

以优化土地利用为载体。通过保护、修复和改进土地管理等基于自然的解决路径，增加西北地区森林、湿地、草原和农业用地等生态系统的碳储存能力。

以促进农业发展为手段。通过种植牧草、粮食或油料作物、人工林等，增加植被面积、增加全链条固碳量，提升碳汇能力。

以增加碳汇为创新。充分利用植物光合作用吸收大气中的二氧化碳，通过有机质地表覆盖、秸秆还田固碳等方式，将大气中的二氧化碳固定在植被与土壤中，配套生物质能碳捕集与封存技术，降低大气中二氧化碳浓度，减缓气候变暖。

促进水资源优化配置。基于新型抽水蓄能的西部调水能够将西北的新能源资源优势转化为水资源配置的优势，有效缓解西北地区缺水状况，改善水资源时空分布不平衡的状态，有效解决西北干旱和西南洪涝灾害问题，推动形成水资源合理配置的崭新格局。调水方案每年向黄河流域补水 100 亿 m^3，有利于塑造协调的水沙关系，维持黄河健康；向新疆、甘肃等西北地区调水 300 亿 m^3，为西北地区的生产生活注入新的活力。

促进减污降碳。基于新型抽水蓄能的西部调水方案将极大提高清洁能源发电的总量和比例，打造区域清洁、绿色、低碳、高效的“水－能”供应创新典范，促进水、风、光、储协同发展，大幅减少由化石能源产生的二氧化碳和大气污染物排放。实施西部调水工程，通过扩大风光新能源开发规模，相当于每年减排 45 亿 t 二氧化碳、130 万 t 二氧化硫、150 万 t 氮氧化物和 30 万 t 烟尘，如图 5.11 所示。

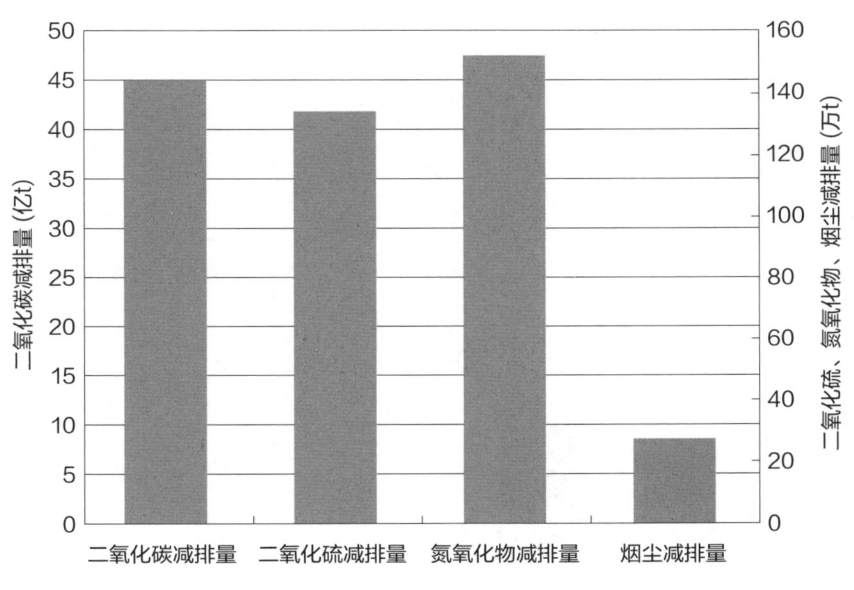

图 5.11 二氧化碳和大气污染物减排量

促进生态修复和改善。基于新型抽水蓄能的西部调水方案路线选择科学规范，供水供能集中且经济高效，避免了零散开发对生态环境的破坏。调水工程能够增加受水河道径流量，促进河道水位恢复和地下水正常补给，避免泥沙淤积和土地盐碱化；水分循环通量增加，改善水生态环境和局地干旱气候条件，使河道、湖泊、水库以及陆地植被恢复生机；有效遏制西北地区荒漠化蔓延，形成从黄河上中游到甘肃河西走廊再到新疆吐哈盆地，绵延约 2000km 的绿洲长廊，提高西北地区生态系统价值，为水生生物和陆地生物提供栖息地，保护生物多样性。

5.4 促进经济社会发展

拉动经济增长。建设基于新型抽水蓄能的西部调水工程，可以充分消化国内工程施工产能，直接拉动水利、电力、农业领域的建设投资需求，拉动经济增长。同时，通过乘数效应进一步扩大投资需求，刺激工程建设装备和建筑材料的产品需求，推动新能源、新材料、高端装备、节能环保、信息通信等新兴产业发展，带动全产业链、价值链提升和产业转型升级。新增投资将会刺激消费，对经济增长产生双重拉动作用。新型抽水蓄能和跨流域调水工程对全社会总产出拉动达到 28.96 万亿元，其中对建筑业、设备制造业、电气机械制造等直接投资行业产出拉动达到 10.97 万亿元，对其他非直接投资行业（交通运输、其他制造、信息技术服务等）产出拉动约 18 万亿元，如图 5.12 所示。对 GDP 的拉动达到 9.6 万亿元，30 年对经济增长的平均贡献率约 1 个百分点。

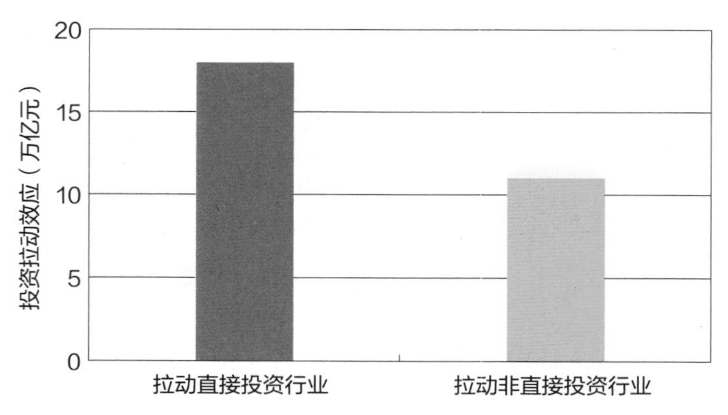

图 5.12 新型抽水蓄能和跨流域调水的投资拉动效应

扩大就业规模。基于新型抽水蓄能西部调水工程在建设期和运行期都将直接提供数量可观的就业岗位。同时，工程建设带动水利、电力、农业等多领域跨行业投资开发，吸纳更多劳动者就业。工程建设完成后，西北地区水资源供给增加，将减少水资源短缺对产业发展的束缚，进一步扩大行业生产规模，促进受水区经济发展。能源、电力和信息通信等新兴产业将得到成长和发展，增加有效就业，方案累积提供新增就业岗位约 3200 万个。

促进产业发展。改善工程受水辐射地区的水供给条件和水资源配置，促进新能源和电力产业、农业、建筑业、水务等产业发展，优化产业结构和生产力布局。农业方面，增加农业用水，提高农业发展效率，提升农业发展质量，预计第一产业累积增收 16 万亿元；工业方面，支撑和服务工业企业用水需求，促进工业发展，实现工业生产设备升级和产业转移承接，预计第二产业累积增收 68 万亿元。生活服务方面，增加生活用水和城市绿化用水，推进城市化建设，促进特色文化产业等服务业发展，预计第三产业累积增收 80 万亿元。新型抽水蓄能和跨流域调水对三大产业的拉动效应如图 5.13 所示。

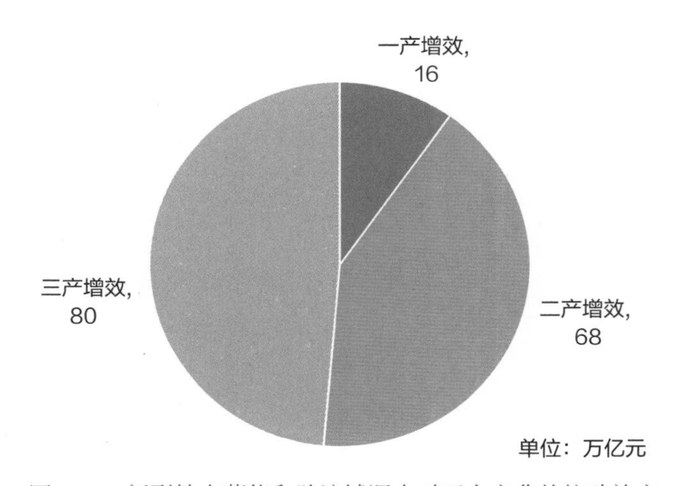

图 5.13 新型抽水蓄能和跨流域调水对三大产业的拉动效应

促进区域协调。建设基于新型抽水蓄能的西部调水工程能够实现水资源优化配置与灵活调节能力提升的双重效益，为地区经济可持续发展奠定坚实的资源保障。进一步激发西北地区新能源资源优势，将西北的清洁能源、西南的水资源优势转化为西部地区经济发展新动力，提高供水、供能区域的经济收入，带动受水、用能区域的产业发展和生活质量提高，推动两个区域之间更加紧密的合作，实现共同发展。

6 主要结论

当前，水资源安全、能源安全、粮食安全等问题制约我国可持续发展，化解风险挑战，破局重点在于统筹解决好西部的水资源优化配置和新能源规模化开发问题。西部调水是功在当代、利在千秋的大事业，必须以国家的顶层发展战略和发展空间布局为基本考量。为统筹解决水资源短缺和新能源开发受限这两个难题，本书提出兼具跨流域调水和储能电源双重功能的新型抽水蓄能概念，并基于此设计了从西南“五江一河”到西北的西部调水新方案。

一、新型抽水蓄能是联结“水系统”与“电系统”的综合性工程，为跨流域调水提供创新思路

新型抽水蓄能是以新能源为主要动力，在流域间建设一系列调蓄水库、不同高程的短距离引水道、可逆式水泵水轮机组和水轮发电机组，实现跨流域调水和电能存储的一种综合性水利水电工程。

新型抽水蓄能改变了常规抽水蓄能在同一组上、下水库间就地循环抽发的运行方式，既可“就地抽发”也可“异地抽发”；改变了常规调水水流方向由重力决定的特点，可由新能源驱动在不同高度间自由流动，克服地形障碍。

新型抽水蓄能具有风光赋能、电水协同、抽发分离、运行灵活四大特点。

风光赋能：以新能源为能量来源，为水资源克服地形障碍提供全新解决方案。新能源发电成本快速下降、提水用电灵活可控，使大规模电泵提水具备可行性，打开了调水工程研究的新视角。

电水协同：以大规模水库群实现水的稳定配置和电的灵活调节。新型抽水蓄能可以对来水量的变化以及新能源的随机性和波动性进行调节，在优化配置水资源的同时高效利用风光等清洁能源，实现了水系统和电系统的协同优化。

抽发分离：可根据调水和储能需求，分别优化部署抽水端与发电端。根据地形地貌情况，灵活选择取水点和受水点；综合取水点的水文特性和新能源的出力特性，以及受水端的用水和用电需求，分别优化确定机组规模。

运行灵活：以灵活多样的运行方式适应新能源的波动性和水资源的时空不均衡性。抽水端采用可逆式水轮机，根据需要采用“就地抽发”和“异地抽发”两种运行方式。受水端的发电机组依托水库的调蓄能力，按需放水发电，满足用水用电双重需求。

二、西部调水工程是新型抽水蓄能调水思路的绝佳实践，实施性好、经济性优

长期以来，南水北调解决西部、北部缺水问题一直是中华儿女的伟大梦想。然而，西南地区高山深谷的特殊地貌决定了常规调水受到很大限制；西北地区充足的风光资源

受限于电力系统调节能力规模化开发利用遭遇瓶颈。在新型抽水蓄能调水思路指导下，高山峡谷、戈壁荒漠不再是困难和限制，而成为实现西部“水”“电”两种资源协同优化的“天作之合”，新技术和新理念为统筹解决西部水资源配置和新能源规模开发提供了全新思路。

基于新型抽水蓄能的西部调水工程以雅鲁藏布江为起点、以新疆和田为终点，自“五江一河”取水，年调水量 400 亿 m^3，包含 7 个跨流域段的 35 个调水通道，全长 1.1 万 km，跨越西藏、云南、四川、青海、甘肃、新疆 6 省区，调水惠及黄河流域、河西走廊和新疆等地。7 个跨越段主要信息如下：

- 雅鲁藏布江—怒江段，包含 2 条调水通道，起点位于西藏林芝雅鲁藏布江大拐弯地区，落点在西藏昌都，全长 421km，共计建设 20 个水库，总库容 51 亿 m^3，年调水量 124 亿 m^3。
- 怒江—澜沧江段，包含 4 条调水通道，位于西藏昌都，全长 373km，共计建设 12 个水库，总库容 33 亿 m^3，调水量共 200 亿 m^3。
- 澜沧江—金沙江段，包含 5 条调水通道，北起西藏昌都，南至云南迪庆，全长 618km，共计建设 29 个水库，总库容 64 亿 m^3，调水量共 247 亿 m^3。
- 金沙江—雅砻江段，包含 5 条调水通道，北起青海玉树，南至云南丽江，全长 599km，共计建设 37 个水库，总库容 22 亿 m^3，调水量共 306 亿 m^3。
- 雅砻江—大渡河段，包含 6 条调水通道，位于四川甘孜、雅安地区，全长 412km，共计建设 37 个水库，总库容 14 亿 m^3，调水量共 328 亿 m^3。
- 长江—黄河段，包含金沙江—黄河、雅砻江—黄河、大渡河—黄河和黄河上游跨流域段在内的共 10 条调水通道，位于青海玉树、果洛、黄南，四川阿坝，甘肃甘南等地区，全长 2451km，共计建设 90 个水库，总库容 95 亿 m^3，调水量共 400 亿 m^3。
- 黄河—新疆段，包含 3 条调水通道，东起刘家峡、龙羊峡水库，西至敦煌、若羌、和田等地区，全长 6393km，共计建设 46 个水库，总库容 50 亿 m^3，调水量共 300 亿 m^3。

西部调水工程建设总体分四步走，“十四五”开始前期工作，“十五五”开工建设，至 2050 年全部建成，总工期约 30 年。

相比常规抽水蓄能和常规跨流域调水，基于新型抽水蓄能的西部调水工程有四大突出优势。

（1）调水路径灵活可行。工程克服了高差对调水的限制，将大范围寻找自流线路问题简化为多段小范围调水路径的优选，大大增加了通道路径的优选范围，相比常规调水可选方案更多、更灵活，避免了深埋长隧洞难题，显著提升了技术可行性。

（2）分段实施，即时受益。工程分为 7 个跨流域段的 35 条调水通道，各通道按“灵活分散”的原则规划，避免了单体巨型输水工程，大大降低了单一通道方案的运行风险，可有效控制巨型工程的投资风险。

（3）有力支撑新型电力系统。工程建设的 6.5 亿 kW 新型抽水蓄能为新型电力系统提供巨大的灵活调节容量，有效提升电网韧性，为西部地区新能源大规模开发消纳提供新的技术选择。工程各级水库总库容达 330 亿 m^3，可实现巨量的能量存储，可达年调节水平，满足调节风光发电季节性差异的需要，提高系统在连续多日小风寡照天气下的供电保障能力。

（4）可实施性强，经济性好。工程采用的引水明渠、隧洞、压力管道和大坝等均低于目前已建、在建水利和水电项目单项工程的规模，不存在难以克服的技术困难。工程可同时获得跨流域调水与支撑新型电力系统的双重效益，扣除等量替代的抽水蓄能和水电投资，以 2.5 万亿元的投入实现了 400 亿 m^3 的年调水量，经济性好。

三、西部调水工程是统筹解决“水－能－粮”安全问题，保障中华民族永续发展的世纪工程

以新能源开发和水资源调配为突破口，统筹解决“水－能－粮”安全问题，事关中华民族伟大复兴和永续发展。实施基于新型抽水蓄能的西部调水新方案能够有效消化工程施工产能、带动有效投资，拓展国家发展空间和战略纵深，优化我国向西开放的地缘政治格局，重塑西北地区生态环境，促进能源低碳转型，具有显著的社会、经济、环境效益。

（1）开发绿电、调配水源的战略工程。工程每年调水 400 亿 m^3，打通“五江二河”之间的水系通道，形成统一的大水网格局。工程满足 15 亿～20 亿 kW 风光新能源灵活调节要求，为西部资源富集地区新能源大规模开发提供了消纳新途径。

（2）促进转型、保障安全的创新工程。工程新建抽水蓄能装机 6.5 亿 kW，水电机组 1.9 亿 kW，可为系统提供超过 6.5 亿 kW 常规抽水蓄能（或新型储能）的调节能力，保障了高比例可再生能源电力系统的安全稳定运行，有力支撑碳中和目标下清洁能源发

电装机目标的实现。

（3）减少排放、改善生态的绿色工程。工程每年减排 45 亿 t 二氧化碳，将有效遏制西北地区荒漠化蔓延，形成从黄河上中游到新疆吐哈盆地绵延 2000km 的绿洲长廊，重塑西北地区生态格局，提高西部的整体生态系统服务价值，有力保护生物多样性。

（4）开发西部、泽济民生的民心工程。工程为西部开发奠定坚实的水、电基础性保障，并满足更清洁、更高水平的用能需求，创造更多、条件更好的生存和发展空间，进一步巩固脱贫攻坚成果。工程可实现新增灌溉面积 1.5 亿亩，增产 6800 万 t 谷物，在现有水平上增产 10%。工程的建设可带动基础设施投资及上下游产业发展，实现直接、间接拉动效益 58 万亿元，对经济增长的平均贡献率达 1%，创造全新的经济增长点，实现西南、西北，西部、东部区域间经济社会发展的融合与双赢。

根据联合国粮农组织发布的《2020 年粮食及农业状况》报告，当前全球 45%的人口（32 亿人）面临水资源短缺问题，约 12 亿人生活在严重缺水和水资源短缺的农业地区。非洲撒哈拉、南美西部沿海、中亚等地区新能源资源丰富、水资源分布不均，基于新型抽水蓄能的跨流域调水工程可在解决缺水问题的同时促进当地太阳能、风能资源的开发消纳，为世界发展贡献中国智慧。全球年均径流深、灌丛、裸露地表分布及调水构想见图 6.1。

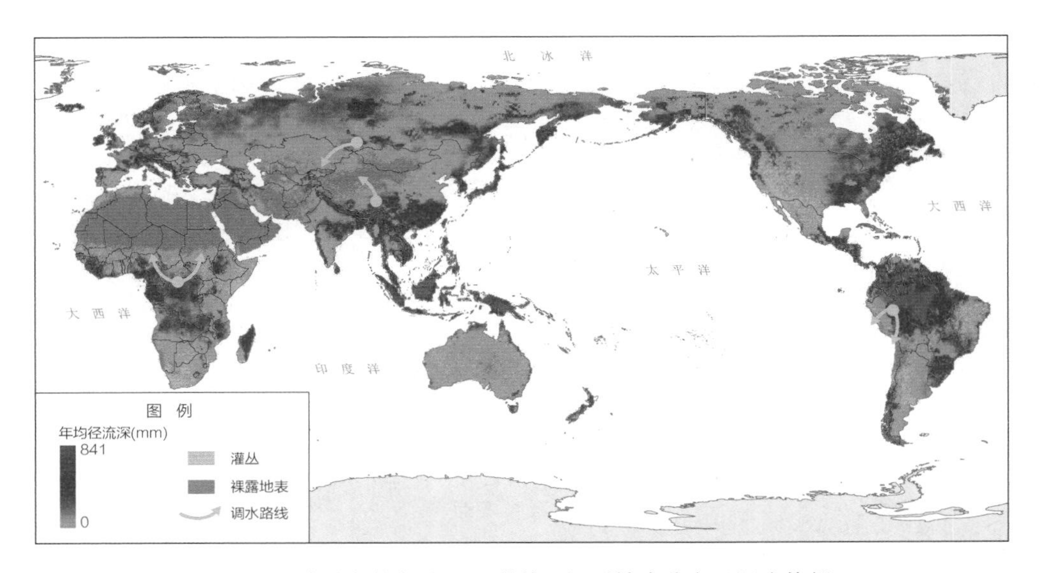

图 6.1 全球年均径流深、灌丛、裸露地表分布及调水构想

附录 现有西部调水设想总体情况汇总

序号	方案名称	提出时间	调水河流	受水区	调水量（亿 m^3）	工程规模
1	林一山西部调水构想	1995 年	雅鲁藏布江、怒江、澜沧江、金沙江、雅砻江、大渡河	先引水至黄河、洮河，后引水至内蒙古和新疆	800	水源工程：线路长约 1200km，沿途建坝 24 座（其中提水坝 11 座），最大坝高 300m，输水隧洞总长约 180km；总干渠 315km；供水区南北干渠长度分别为 2500km 和 3000km
2	郭开“大西线”调水设想	20 世纪 80 年代末	雅鲁藏布江、怒江、澜沧江、金沙江、雅砻江、大渡河	调水入黄河后，引水至新疆、甘肃、内蒙古，并连通海河、松花江等更广的区域	2006	建设 19 座水库、89 座坝渠、600km 明渠、56km 隧洞和 6 座倒虹吸工程，输水线路长 1239km，其中隧洞长 231km；分水线路：拉青大渠 215km，青岱大渠 2000km
3	陈传友藏水北调工程设想		雅鲁藏布江、怒江、澜沧江、通天河等	大西北地区工农业、生活、环境用水	435	线路总长 1235km，抽水总扬程 1800m，建 5 座扬水站，6 座大坝，最大坝高 250m
4	李国安“藏水北调”方案		雅鲁藏布江	青海柴达木、新疆东疆及南疆、甘肃河西走廊等西部地区	120～200	水源工程输水隧洞全长约 1100km，沿程最深竖井不超过 1420m；分水线路：昆北箱涵隧洞、格柳线箱涵隧洞、柳西线箱涵隧洞、柳东线箱涵隧洞

续表

序号	方案名称	提出时间	调水河流	受水区	调水量（亿 m^3）	工程规模
5	张世禧西藏大隧道设想		雅鲁藏布江干流	新疆	300	线路长 780km，均为深埋长隧洞，建坝一座
6	清华大学管道网络跨区域西线调水方案	2017 年	雅鲁藏布江、尼洋河、帕隆藏布、怒江、澜沧江、金沙江	新疆东南部、河西走廊等地区以及黄河宁蒙地区和下游地区	600	线路总长约 6500km，主要为有压输水；水源线路 452km，新疆和田、罗布泊输水线路 2247km，黄河流域及柴达木盆地输水路线 917km，河西走廊、新疆输水线路 2783km
7	王博永“大西线”方案	2017 年	雅鲁藏布江、怒江、澜沧江、金沙江、雅砻江、岷江（含大渡河）	黄河流域、河西走廊西北地区、新疆	400	线路总长 4679km，全程自流，施工海拔不超过 2500m
8	王梦恕方案	2017 年	雅鲁藏布江	新疆	100～150	总调水路线约 1620km，自流隧洞输水
9	李于洁青藏高原大运河工程	2013 年 11 月	雅鲁藏布江	青海柴达木盆地、新疆塔里木和吐哈盆地	158	输水线路总长 1291km，其中隧洞 6 座，总长 275km，利用河床输水长度 1016km；泵站总扬程 1500m。在格尔木河又分为东、北、西三条干渠，其中西干渠 750km
10	胡长顺“南水西调”方案		通天河、澜沧江、怒江、雅鲁藏布江	河西走廊、新疆	近期 40～50；远景 330～380	输水线路全长 800 多 km，长隧洞 11 余处（10～25km），大型电站 2 处（装机容量 400 万 kW），提水泵站 1 处（扬程 300m），倒虹吸与渡槽 11 处
11	王浩红旗河方案	2017 年 11 月	“五江一河”	新疆、甘肃	600	全程 6188km（含 200km 自然河道），落差 1258m，平均坡降 0.021%。实现“全程自流”，一共需开挖 136 条隧洞，隧洞总长度 2337km